W. Kleberger

Beitrag zur Beantwortung der Frage: Welcher Zusammenhang besteht beim Rinde zwischen der Milchergiebigkeit und den durch Masse feststellbaren Formen des Tierkörpers?

bremen
university
press

W. Kleberger

Beitrag zur Beantwortung der Frage: Welcher Zusammenhang besteht beim Rinde zwischen der Milchergiebigkeit und den durch Masse feststellbaren Formen des Tierkörpers?

ISBN/EAN: 9783955621841

Auflage: 1

Erscheinungsjahr: 2013

Erscheinungsort: Bremen, Deutschland

bremen
university
press

Beitrag

zur Beantwortung der Frage: „Welcher
Zusammenhang besteht beim Rinde
zwischen der Milchergiebigkeit und den
durch Masse feststellbaren Formen des
Tierkörpers?"

W. Kleberger.

Druck von Anton Kämpfe in Jena.

1902.

Meiner lieben Mutter

in Dankbarkeit gewidmet.

Da in der landwirtschaftlichen Nutztierzucht und -haltung die Beurteilung der teils in der Anlage vorhandenen, teils direkt gewährten Nutzungen der einzelnen Tiere nach dem Exterieur häufig unumgänglich nötig ist, so haben es die wissenschaftliche Landwirtschaft und ihre Vertreter stets als eine ihrer Hauptaufgaben betrachtet, für diese Beurteilung der Tiere nach dem Exterieur eine sichere Grundlage zu schaffen.

Namentlich sind es Settegast[1]), Krämer[2]), Lydtin[3]), Wilkens[4]), H. von Nathusius[5]), Pott u. a. mehr, die sich damit befassen, besondere Systeme der Tierbeurteilung aufzustellen, die einesteils die Tierbeurteilung bedeutend erleichtern, andernteils aber die Aufgabe haben sollten, die Charaktere gewisser Rassen und Schläge genau zu beschreiben.

In vorliegender Arbeit soll besonders auf die Systeme von Settegast, Krämer und Lydtin Rücksicht genommen werden, weil um ihre Wertschätzung als Hilfsmittel zum Zwecke der Tierbeurteilung nach dem Exterieur ein heftiger Kampf sich entspann.

Settegast[6]) verlangt von den Nutztieren erstens eine gewisse Harmonie im Bau und versteht hierunter[7]) die Uebereinstimmung des Gliedergebäudes mit der Richtung der gesamten Lebensthätigkeit des Tieres und seinem Lebensmedium. Es sei dieses das die höchste Zweckmässigkeit einschliessende Gleichgewicht.

Zweitens sucht er für den Körper der wichtigsten landwirtschaftlichen Haustiere, wie Pferd, Rind, Schaf und Schwein, eine Grundgestalt zu gewinnen, die ein Parallelogramm darstellt. Bedingt

---

1) Settegast, Tierzuchtlehre, Bd. I.
2) Krämer, Das schönste Rind.
3) Lydtin u. Junghans, Körpermessungen am Rind und Schwein.
4) Wilkens, Briefe über landwirtschaftliche Tierzucht.
5) Nathusius, Vorträge über Viehzucht und Rassekunde.
6) Settegast, Tierzuchtlehre, Bd. I.
7) Ebenda, p. 268.

werde diese Grundgestalt durch den Parallelismus der vorzugsweise die Rumpfgestaltung bestimmenden Knochen.

Das durch den Rumpf gebildete Parallelogramm teilt Settegast durch eine hinter der Schulter verlaufende und eine vor der Hüfte verlaufende Parallele in drei Parallelogramme [1]).

Die ganze Rückenlinie aber teilt er in 24 gleiche Teile, so dafs auf jedes Parallelogramm 8 Teile kommen.

Settegast spricht, wenn die Einteilung des Tierkörpers in dieser Art und Weise möglich ist, von einer $8/8$-Form.

Um weiter einen präcisen Ausdruck für die verschiedenen Gestaltenformen der Tiere zu gewinnen, konstruiert er Brüche, deren Zähler stets durch die Zahl der Teile der Rückenlinie gebildet wird, die in das Parallelogramm des Vorderteils fallen, während der Nenner die Zahl der Teile der Rückenlinie, die in das Parallelogramm des Hinterteils fallen, darstellt. [2]).

Zählt man Nenner und Zähler des Bruches zusammen und zieht ihre Summe von 24 ab, so erhält man die Länge der Rücken-partie, also den zahlenmässigen Ausdruck für die Länge der Mittelhand.

Ebenso wie in der Seitenansicht ist aber nach Settegast[3]) der Tierkörper auch sonst von Parallelogrammen begrenzt, und man kann sich den Rumpf des Tieres als ein rechtwinkliges Parallelo-pipedon vorstellen. — Ausserdem sind es noch verschiedene äussere Körpereigenschaften, die Settegast[4]) von normalen Haustieren und namentlich von Zuchttieren verlangt und als Beurteilungsmerkmale aufführt.

Dieses von Settegast aufgestellte System der Tierbeurteilung erfuhr von verschiedenen Seiten, namentlich aber von H. von Nathusius, eine scharfe Beurteilung. H. von Nathusius-Hundisburg schreibt in seinen Vorträgen über Viehzucht und Rassekenntnis Bd. I: „Es ist nach meiner Auffassung ein überflüssiges Unternehmen, aber auch ein folgenschwerer Irrtum, wenn man die Mannigfaltigkeit der Gestalten auf eine Einheit zurückzuführen sucht, um für die verschiedenen Haustiere eine Grundgestalt zu finden. Gerade im Gegenteil: die notwendige Verschiedenheit der Gestalt für verschiedene Gebrauchszwecke zu erkennen, das ist die Aufgabe der Tierzuchtlehre."

---

1) Settegast, Tierzuchtlehre, Bd. I, p. 286.
2) Ebenda, p. 287.
3) Ebenda, p. 289.
4) Ebenda, p. 291.

Fast noch schärfer in seinem Urteil ist Dr. Simon von Nathusius, indem er in seinem Werke „Unterschiede zwischen der morgen- und abendländischen Pferdegruppe" folgendermassen sich auslässt: „Die Parallelogrammtheorie ist eine unwissenschaftliche, nicht ganz ungefährliche Spielerei; jeder, der sich ernstlich und eingehend mit dem Tierkörper beschäftigt, weiss, dass für bestimmte Leistungen gewisse Körperformen nützlich und notwendig sind, dass es also bald auf dies, bald auf jenes ankommt, nicht aber gleichmässig darauf, ob der Körper mehr oder weniger in den Rahmen eines Parallelogrammes passt."

Der Versuch Settegast's muss in der That als ein verfehltes Unternehmen bezeichnet werden, denn gerade in der Erkenntnis der für die betreffende Nutzleistung wünschenswertesten und günstigsten Körperform beruht doch wohl die Aufgabe der landwirtschaftlichen Tierzuchtlehre, nicht aber in dem Bestreben, für alle die verschiedensten Leistungen eine Grundgestalt auffinden zu wollen.

Krämer[1])-Zürich giebt ebenfalls Anleitungen, wie aus gewissen Merkmalen und namentlich Massverhältnissen des Exterieurs ein Schluss auf die Leistungsfähigkeit des Tieres zu ziehen sei. Er hält es für nötig, Körpermasse zu verwenden, um die Verhältnisse und die Grösse und Form der einzelnen Körperpartien zu einander und zum ganzen Körper festzustellen[2]).

Bosonders erachtet er es für wichtig, dass die einzelnen Körpermasse in Beziehungen zu einander gebracht werden, die es gestatten das gegenseitige Verhältnis der einzelnen Körperteile vergleichend zu überblicken.

Denn nur so könne der Züchter feststellen, ob der Tierkörper einen den Gebrauchszwecken des Tieres entsprechenden Grad des Ebenmasses habe.

Es ergiebt sich hieraus nach Krämer die Notwendigkeit eines Grundmasses, als das er die Länge des Rumpfes festzuhalten empfiehlt.

Für die einzelnen Nutzungszwecke giebt Krämer dann besonders wünschenswerte Grössenverhältnisse der einzelnen Körperteile zu dem Grundmasse an.

Im übrigen bemerkt Krämer, dass er das Messen nur als eine Unterstützung zur Tierbeurteilung nach dem Exterieur betrachtet[3]).

---

1) Krämer, Das schönste Rind.
2) Ebenda, p. 100 sq.
3) Ebenda, p. 132.

Ausserdem macht er für die einzelnen Nutzungszwecke beim Rinde noch besonders typische Merkmale namhaft, deren Beachtung er dringend empfiehlt[1]).

Aehnlich wie Krämer ist auch Lydtin[2])-Baden-Baden der Ansicht, dass eine genaue Beobachtung des Exterieurs nur mit Hilfe von Körpermessungen zu erreichen sei.

Lydtin nimmt an, dass jeder einzelnen Nutzleistung ein specifischer Körperbau und bestimmte Grösse und Gestalt entspreche.

Es handelt sich nach seiner Ansicht darum, die Normalgestalt, die richtigen Proportionen der einzelnen Teile dieser Gestalt und zwar für jede Rasse und jeden Schlag für die Tiere verschiedenen Geschlechts und die verschiedenen Altersklassen unter denselben zu ermitteln und in klarer Darstellung dem Züchter zur Benutzung zu übergeben.

Diese Normalgestalt eines Nutztieres einer Rasse oder eines Schlages lasse sich an einem einzelnen Tiere nicht ermitteln, sondern nur an einer grösseren Anzahl der gleichartigen Tiere.

Sie ist nach Lydtin die Durchschnittsgestalt der Tiere einer bestimmten Gruppe.

Zu diesem Zwecke, so fährt Lydtin fort, sei es nötig, aus den Zuchtviehbeständen eines Schlages die in Nutz- und Geschlechtsleistung bewährten Zuchttiere auszuwählen, sie nach ihren äusseren Merkmalen genau zu beschreiben und ihre Grössen- und Gestaltsverhältnisse auszumessen. Durch die Sammlung vieler solcher Beschreibungen und die Berechnung des Durchschnittsergebnisses lasse sich dann eine Norm aufstellen, die zutreffend für das Aeussere der leistungsfähigsten, d. h. der wertvollsten Tiere einer Nutzungsart oder eines Schlages sei[3]).

Als Grundmass legt Lydtin besonderen Wert auf die Widerristhöhe, auf die er bei vergleichenden Messungen alle anderen Masse reduziert.

Und zwar giebt Lydtin der Widerristhöhe deshalb den Vorzug vor der Gesamtlänge, weil dieselbe von dem Tiere verhältnismässig früh, nahezu nach dem 3. Lebensjahre, erreicht werde und leicht zu ermitteln sei, während die Rumpflänge zwischen dem

1) Krämer, Das schönste Rind, p. 136—142.
2) Lydtin u. Junghans, Körpermessungen beim Rind und Schwein.
3) Ebenda, p. 8.

2. und 5. Lebensjahre oft um 30 cm sich vergrössere und selten so genau zu ermitteln sei als die Widerristhöhe[1]).

Die oben geschilderten Verfahren der Tierbeurteilung, namentlich nach Krämer und Lydtin, haben in Deutschland und speciell in Süddeutschland und der Schweiz eine verhältnismässig grosse Verbreitung gefunden und werden auch vielfach bei staatlichen Prämiierungen und Körungen mit als Grundlage der Tierbeurteilung benutzt.

Der Streit, ob diese Systeme der Tierbeurteilung wirklich mit Recht in Anwendung gebracht würden und ob dieselben zum Zwecke der Tierbeurteilung nach dem Exterieur einen gewissen Wert hätten, war infolge einer im Jahre 1899 erschienenen Schrift von Prof. Pott-München, betitelt: „Der Formalismus in der landwirtschaftlichen Tierzucht", ziemlich heftig entbrannt.

Pott griff nämlich in dieser Schrift die drei genannten Systeme der Tierbeurteilung scharf an und bezweifelte deren Wert für die Praxis der landwirtschaftlichen Tierbeurteilung.

Betreffs des Settegast'schen Verfahrens der Tierbeurteilungslehre erklärt Pott, dass die von Settegast geforderte Harmonie im Bau nur einem konventionellen Schönheitsbegriff entspreche, sofern dieser durch Vorliebe für volle, im grossen Ganzen breite und tiefe Formen bedingt sei. Für Masttiere möge diese Form im allgemeinen wohl zweckmässig sein[2]). Bei anderen Tierkategorien — Nichtmasttieren — bestehe indessen zwischen der Settegast'schen $^8/_8$-Form, sowie den von derselben angeblich zulässigen Abweichungen einerseits und der Leistungsfähigkeit der betreffenden Tiere andererseits kein Zusammenhang.

So könne z. B. nach dem Settegast'schen Verfahren die Vorhand als sehr lang und tief entwickelt gemessen werden und dabei der Brustkasten doch sehr wenig geräumig, die Lunge sehr klein und sogar schlecht sein[3]).

Im weiteren führt Pott aus, dass der tierische Körper sich ebensowenig wie irgend eine Pflanze mit mathematisch konstruierten Körpern oder Figuren vergleichen lasse[4]).

---

1) Lydtin u. Junghans, Körpermessungen beim Rind und Schwein, p. 25.
2) Pott, Der Formalismus in der landw. Tierzucht, p. 3.
3) Ebenda, p. 3.
4) Ebenda, p. 3.

Bei der Kritik des Krämer'schen Verfahrens sucht Pott
zunächst festzustellen, dass das Grundmass Krämer's, die Rumpflänge, häufig nur sehr schwer zu ermitteln sei und zwar namentlich
bei angefleischten Tieren.

Alsdann geht er der Reihe nach die von Krämer geforderten
Maasse durch und sucht festzustellen, dass diese Masse teils für die
Tierbeurteilung ziemlich wertlos seien, indem sie zu der Konstitution
und Leistungsfähigkeit der Tiere in keiner Beziehung stehen, oder
dass sie nur sehr schwer und ungenau zu ermitteln sind.

Das Lydtin'sche Verfahren kritisierend, erklärt Pott, dass
die Höhenmasse, wie sie Lydtin fordere, bei gleichmässiger Aufstellung der Tiere wohl annähernd richtig aufgenommen werden
könnten, so dass sie Vergleiche bezüglich der Höhe und des Verlaufes der Rückenlinie der gemessenen Tiere zulassen. Irgend
welche Schlussfolgerung in Betreff des Zucht- und Gebrauchswertes
aus diesen Höhenmassen zu ziehen, sei jedoch ganz unzulässig.

Ebenso erkennt er den anderen von Lydtin geforderten
Massen einen Wert für die Tierbeurteilung nicht zu.

Besonders macht Pott allen Messverfahren den Vorwurf, dass es
namentlich die Vertreter der verschiedenen Maasssysteme seien, die
mit den Züchtern, die hauptsächlich auf das Exterieur, wie Form,
Abzeichen und Farbe züchteten, gern Hand in Hand gingen und
dass so ein gefährlicher Formalismus entstehe[1]).

Begünstigt werde dieser Formalismus durch eine ganz unfrucht-
bare Vorliebe für Rassesystematik, die in der heutigen landwirtschaftlichen Tierzucht herrschend sei[2]).

Pott selber verlangt, dass jedes Tier, unter Beachtung gewisser
Punkte des Exterieurs, nach seinen Leistungen geschätzt werde.
Und zwar verlangt er, dass die Tiere nicht nach ihren absoluten,
sondern relativen Leistungen geschätzt werden sollen, d. h. nach
Massgabe ihrer Leistungen unter Berücksichtigung des dabei aufge-
wendeten Futters.

Als Wertmassstab für das verzehrte Futter will Pott den
Geldwert zu Grunde legen und so die Leistungen der Tiere unter
Berücksichtigung des Futtergeldwertes schätzen[3]).

---

1) Pott, Formalismus in der landw. Tierzucht.
2) Ebenda, p. 4.
3) Ebenda, p. 101, 221, 228.

Die Folge dieser Kritik war eine Pressfehde, die hauptsächlich von den Autoren der beiden genannten Masssysteme, Krämer und Lydtin einerseits und Pott andererseits, geführt wurde. Auch verschiedene andere Autoren beteiligten sich an dem Streite, teils zu Gunsten der einen, teils zu Gunsten der anderen Partei. In den Erwiderungen der Anhänger der Messverfahren gegen den Angriff Pott's geben diese zunächst zu, dass auch sie eine strikte Zucht nach Leistung für richtig halten und dass sie die möglichst ausgedehnten Leistungsprüfungen für wertvoll erachten.

Doch wird sowohl von Krämer's[1]) als auch von Lydtin's[2]) Seite besonders bemerkt, dass die heutigen Leistungsprüfungen vielfach auf einem verhältnismässig niederen Standpunkte stehen, da sie weder über die Dauer, noch über die Vererbung der Leistung Auskunft geben und dass der Einführung des Systems der Leistungsprüfungen in der Praxis verhältnismässig grosse Schwierigkeiten entgegenstehen.

Besonders ist es Krämer, der bezweifelt, dass die Angabe der Futterwerte bei den Leistungsprüfungen in Geld geschehen könne, da bei der Bewertung in Geld die Naturalquantität und -qualität der Futtermittel, die hierbei eine grosse Rolle spiele, nicht genügend zum Ausdruck komme. Ausserdem seien aber bei manchen Futtermitteln wie z. B. Rübenblättern, die Gestehungskosten wohl kaum zu ermitteln[3]).

Der Vorwurf Pott's, dass das Messverfahren die Zucht nach dem Exterieur, nach Mass, Farbe und Form, einseitig begünstige, wird von dieser Seite mit der Bemerkung zurückgewiesen, dass die Anleitung zur Ermittelung morphologischer Eigenschaften noch nicht eine Bevorzugung jener Momente im Komplexe des gesamten Leistungswertes bedeute[4]).

Die Behauptung Pott's, dass man in neuerer Zeit mehr und mehr einer ganz unberechtigten Rassesystematik huldige, sei unrichtig; man suche nur die verschiedenen wirtschaftlichen Ziele mit dem dazu geeigneten Rassematerial zu erreichen.

Was die Kritik der Messverfahren durch Pott anbetrifft, so äussert sich zunächst Krämer dahin, dass er selber auf die Unsicherheit, durch welche die Körpermasse beschwert seien, stets hinge-

---

1) Krämer, Fühling's landw. Zeitung 1899, No. 18, p. 674—720.
2) Lydtin, Deutsche landw. Presse vom Jahre 1899, No. 102.
3) Fühling's landw. Zeitung 1899, Nr. 7, p. 20.
4) Fühling's landw. Zeitung, Jahrg. 1899, p. 615 u. f.

wiesen habe, und dass er sich daher keiner überschwänglichen Hoffnung betreffs ihres Beitrages zur Information der Rassekunde hingegeben habe [1]).

Im Gegenteil weise er die Aufstellung von Normalmassen als Ungereimtheit zurück. Er nehme nicht an, dass die Leistungsmerkmale oder Nutzungszeichen direkt messbar seien, und es sollten daher auch die von ihm angegebenen Masse keineswegs Normen darstellen, sondern lediglich Grenzwerte [2]).

Krämer thut dar, dass sich die Messverfahren seither nur als Hilfsmittel bei der Beurteilung der einzelnen Tiere eines Schlages oder einer Rasse eingebürgert haben [3]) und wundert sich, dass Pott, der p. 110 und 112 seines Buches [4]) zugebe, dass manche Leistungen an gewisse Körperformen gebunden seien, ein Hilfsmittel, das zur Bestimmung der Körperformen und Formverhältnisse geschaffen sei, verwerfe.

Auch Lydtin [5]) verteidigt die Messverfahren, indem er ausführt, dass die wohl wichtigen Leistungsprüfungen bis jetzt praktische Resultate noch nicht geliefert hätten und es daher nach wie vor nötig sei, sich bei der Beurteilung der Tiere auf das Exterieur, wie Grösse, Gestalt, Haut- und Haarbeschaffenheit, zu stützen. Da aber die Grösse durch verschiedenartige Begriffe nicht klar dargelegt werde, so bleibe nur übrig, die Grösse zu messen, und es treten dann an die Stelle unbestimmter Grössenbezeichnungen bestimmte Zahlenbegriffe.

Die zwecks Beurteilung verschiedener Zuchten aufgestellten verschiedenen Normen seien einzig und allein Mindestforderungen.

Gegen die Behauptung Pott's, dass er, Lydtin, das Messen als Hauptbeurteilungsmoment empfehle, verwahrt er sich mit dem Hinweis auf die von ihm vorgeschlagene Rinderprämiierungsmethode in Baden, bei der von 100 Wertzeichen beiläufig nur 35 auf Massergebnisse sich stützen. Ferner seien es, so behauptet Lydtin, gerade die Messverfahren, die besonders erziehrisch auf den Züchter wirkten.

---

1) Krämer, Fühling's landw. Zeitung, Jahrg. 1899, p. 677.
2) Krämer, Deutsche landw. Presse, Jahrg. 1900, No. 8 u. 9.
3) Ebenda, p. 678.
4) Pott, Formalismus in der landwirtschaftlichen Tierzucht.
5) Lydtin, Deutsche landw. Presse, Jahrg. 1899, No. 102.

Diesen Anhängern der Messverfahren gegenüber erklärt nun Pott in seinen verschiedenen Erwiderungen, dass er zunächst die erzieherische Wirkung der Messverfahren bezweifle und die durch das Messverfahren vermehrte und verbesserte Tierbeurteilung lediglich für eine vermehrte Einigkeit halte, nach welcher Schönheitsschablone gezüchtet werden solle[1]).

Was die Messungen selbst anbetrifft, so können sie nach Pott's Dafürhalten höchstenfalls als Richtschnur hinsichtlich der Zulässigkeit eines Tieres zu einer Rasse oder einem Schlage dienen, indem diese Zugehörigkeit nach bestimmten morphologischen Merkmalen zu beurteilen ist. Da es für den Züchter jedoch vor allem auf den wirtschaftlichen Wert ankommt, so ist, nach Pott, das Messverfahren ziemlich wertlos für ihn.

Die Aufstellung von Normen, die zutreffend das Exterieur der leistungsfähigsten und wertvollsten Tiere in sich schliessen, mit Hilfe von Messungen und Beschreibungen erklärt Pott für unmöglich[2]).

Auch Kirchner-Leipzig hatte in einem Artikel der Wiener landwirtschaftlichen Zeitung, Jahrgang 1899, zu dem Streite Stellung genommen und erklärte, dass nach seiner Ansicht die Landwirtschaft in ihrer Allgemeinheit von der Mass-Formvollendetheit der Tiere keinen Nutzen habe, solange nicht hohe Leistungen der Formenschönheit entsprächen, solange nicht nachgewiesen sei, dass Form und Leistung in so unmittelbarem Zusammenhange stehe, dass aus jener das Mass der Leistung eines Tieres unzweifelhaft hervorgehe.

Wie Pott, so hält auch er den relativen Nutzen der Tierhaltung für allein massgebend und findet den Vorwurf Pott's, dass die Prämiierung im heutigen Stile nur die Form der Tiere, nicht aber ihre Leistung berücksichtige, gerechtfertigt.

Der von allen Seiten lebhaft verfolgte Pressstreit endete, ohne eigentlich vollständige Klarheit darüber gebracht zu haben, inwiefern die Körpermessungen bei der Beurteilung der Rinder nach dem Exterieur eine gewisse Berechtigung besitzen oder nicht.

Man beschäftigte sich daher vielfach mit der für die gesamte Tierzucht eminent wichtigen Frage weiter und suchte auf Grund vorgenommener Versuche zu ihrer Lösung beizutragen.

---

1) Pott, Deutsche landw. Presse, Jahrg. 1899, No. 68.
2) Ebenda, Jahrg. 1900, No. 6.

Schon bevor dieser Pressstreit entbrannt war, erschien im Journal für Landwirtschaft, Jahrgang 1897, die Arbeit von E. Bogdanow, die sich ebenfalls die Lösung obiger Aufgabe zum Ziele gesetzt hatte. Die Arbeit ist betitelt: „Einige Beobachtungen über den Zusammenhang zwischen Körperform und Leistung bei den Kühen". Bogdanow, der auf Anregung des Herrn Prof. Fleischmann arbeitete, machte seine Untersuchungen zu Kleinhof-Tapiau in Ostpreussen an ostpreussischen Holländern.

Die Ausführung seiner Untersuchungen ist ähnlich der einer später erschienenen Arbeit von P. Stegmann, betitelt: „Beobachtungen über das Exterieur der Milchkuh, zunächst am baltischen Anglerrinde"[1]).

Beide Arbeiten sind übereinstimmend derartig ausgeführt, dass die Tiere ähnlicher Milchleistungen in Klassen zusammengefasst sind.

Die Durchschnittsmasse der einzelnen Klassen für die verschiedenen Körperteile sind dann miteinander verglichen, und aus ihnen ist ein Schluss auf die Form der leistungsfähigsten Tiere zu ziehen versucht worden.

Ausser dieser Art der Untersuchung führt Stegmann in seiner Arbeit noch eine andere durch, indem er sogenannte Kontrolltabellen aufstellt. In diesen Kontrolltabellen, deren er für jede durch Masse festgestellte Körperform eine anführt, sucht er die Tiere gleicher oder ähnlicher Körperformen (soweit diese durch Masse feststellbar sind) zusammenzufassen und den dieser Körperform entsprechenden durchschnittlichen Milchertrag zu ermitteln und stellt fest, ob den verschiedenen Körperformen, auch verschiedene durchschnittliche Milcherträge entsprechen.

Der Zweck dieser Kontrolltabellen besteht darin, zu beweisen, dass der Zusammenhang zwischen Leistung und Körperform, der mit Hilfe der zuerst angegebenen Art der Untersuchung etwa nachgewiesen wird, auch darin zu erkennen ist, dass man bei Tieren gleicher Formen ähnliche oder gleiche Leistungen findet.

Es sollen diese Tabellen also gleichsam das aus den ersten Tabellen gewonnene Resultat kontrollieren, und Stegmann legt ihnen aus diesem Grunde den Namen Kontrolltabellen bei.

---

1) Landwirtschaftliche Jahrbücher, Jahrg. 1901.

Es besitzen die Kontrolltabellen auch deshalb einen grossen Wert, weil in ihnen von messbaren Körperformen ausgehend ein Schluss auf die Leistung zu ziehen versucht wird, ein Verfahren, das für die Praxis die grösste Bedeutung bot, während alle bisherigen Untersuchungen umgekehrt von der Leistung ausgehen und mit ihr die Körperformen in Vergleich stellen.

In vorliegender Arbeit wurden die aus diesen Gründen · sehr wichtigen und wertvollen Kontrolltabellen ebenfalls zur Anwendung gebracht.

In E. Bogdanow's Arbeit sind diese letzten Untersuchungen nicht vorhanden.

Stegmann kommt zu folgendem Schlussresultate [1]. Er glaubt gefunden zu haben, dass die ihrer Milchleistung nach besten Tiere

1. die relativ längste Vorhand,
2. „ „ breiteste und tiefste Brust,
3. „ „ längste Hinterhand,
4. „ „ grösste Hüften- und Beckenbreite,
5. „ „ geringste Widerrist-, Kreuz- und Schwanzansatzhöhe,
6. eine mittlere Nackenlänge,
7. einen nicht zu schweren Kopf hätten.

Ein grosser Teil dieser Resultate wird durch E. Bogdanow bestätigt. Doch findet er im Gegensatz zu Stegmann, dass

1. bei fallenden Milcherträgen ein Steigen der Hinterhandlänge eintrete,
2. bei fallenden Milcherträgen die Masse für Hüftenbreite steigen,
3. die besten und schlechtesten Milchtiere fast dieselbe Nackenlänge haben,
4. die Stirnengenbreite mit abnehmender Leistung zunimmt [2].

Schon vor dem Erscheinen der Stegmann'schen Arbeit war mir von weiland Herrn Prof. Dr. Settegast der Auftrag geworden, Untersuchungen über den Zusammenhang der Körperformen und Leistungen beim Rinde durchzuführen und ich war mit denselben gerade zu Ende gekommen, als die Arbeit Stegmanns erschien.

Auch meine Arbeit soll einen Beitrag liefern zu der Frage,

---

1) Landwirtschaftliche Jahrbücher, Jahrg. 1901, p. 959.
2) Ebenda, p. 277—283.

inwieweit die Milchleistung eines Tieres von den durch Masse feststellbaren äusseren Körperformen beeinflusst wird.

Zu diesem Zwecke sind in einer Reihe von Herden Körpermessungen vorgenommen worden und zwar möglichst an solchen Tieren, die entweder soeben ihre Laktationszeit beendet hatten oder sie doch in Kürze beendeten, um auf diese Weise möglichst ein Bild von der Nutzungsfähigkeit des Tieres in der Laktationsperiode zu gewinnen, in der die Messungen vorgenommen worden waren.

Zugleich wurde der Milch- und wenn möglich, auch der Fettertrag dieser letzten Laktation ermittelt und Wägungen der betreffenden Tiere vorgenommen, um dann zu untersuchen, ob eventuell ähnlichen Milchleistungen ähnliche Massverhältnisse entsprächen.

Die Körpermasse sind nach dem Lydtin'schen Messverfahren und mit Hilfe des Lydtin'schen Messstockes gewonnen worden und dann zwecks Vergleich nach Lydtins Angabe in Prozente der Widerristhöhe umgerechnet.

Das Lydtin'sche Messverfahren wurde aus dem Grunde gewählt, weil dasselbe in Mittel- und Süddeutschland das verbreitetste ist.

Auf Wunsch des weiland Herrn Prof. Dr. H. Settegast, auf dessen Anregung hin, wie bemerkt, die Arbeit ausgeführt wurde, wurden die Masse der Kopf- und Stirnlänge nicht über, sondern unter dem Hornwulst ansetzend gemessen und halbe Centimeter bei Feststellung der Masse nicht ermittelt. —

Bei Ausführung der Arbeit fand ich leider die Angabe Krämer's, dass die überhaupt vorhandenen heutigen Leistungsprüfungen vielfach auf einer recht niederen Stufe stehen, bestätigt.

Denn nur in einem verhältnismässig geringen Teil der grösseren landwirtschaftlichen Betriebe Süd- und Mitteldeutschlands fanden sich wirklich genau ausgeführte Probemelkungen vor, so dass es verhältnismässig grosse Schwierigkeiten bereitete, das zur Ausführung der Arbeit nötige Material an Tieren mit möglichst einwandfreien Resultaten zu sammeln.

Das Ergebnis der Untersuchungen ist in folgender Weise zur Darstellung gebracht:

Zunächst sind die direkten Körpermasse der zur Untersuchung herangezogenen Tiere zusammen mit ihren Massverhältnissen (auf die Widerristhöhe als Einheit bezogen) in Tabelle I jeder Herde niedergelegt.

Sodann sind in Tabelle II jeder Herde die Tiere nach dem Milchertrage geordnet, zu untersuchen, ob bei ähnlichen Leistungen ähnliche Masse vorhanden sind.

In den Herden, in denen der Butterfettertrag ermittelt war, sind die Tiere in Tabelle III nach dem Butterfettertrag aufgeführt und dann ebenfalls bei ähnlichen Leistungen auf ähnliche Masse untersucht wurden.

Durch diese Art der Anordnung der Tiere in den Tabellen II—III jeder Herde wurde erreicht, dass die Tiere ähnlicher Leistungen möglichst zusammengestellt worden sind und so eine Untersuchung der Massverhältnisse bei ähnlicher Leistung sehr erleichtert ist.

Zur Erklärung der Tabellen ist folgendes zu bemerken:

Es ist die Dauer der Milchleistung in Tagen angegeben, die Milchleistung selber stets in Kilogramm; ebenso die pro Futtertag (Futtertag = Jahrestag, das Jahr zu 365 Tagen gerechnet) und pro Laktation gelieferte Fettmenge.

Die täglich gelieferte Fettmenge hingegen ist in Prozenten der pro Laktationstag gelieferten Milchmenge angegeben und zwar aus dem Grunde, weil dies die allgemein übliche Angabe ist.

Zwecks Einteilung der Tiere in Leistungsklassen und Aufstellung der Kontrolltabellen sind die verschiedenen Herden derselben Rassen zusammengezogen worden. Für die verschiedenen Leistungsklassen wurden die nötigen Durchschnittsmasse und für die verschiedenen Formen- resp. Grössenklassen (bei den Kontrolltabellen) die nötigen Durchschnittsleistungen bestimmt.

Herde I. Tabelle 1.

Laufende Nummer	Dauer der Gesamtmilchleistung (Tage)	Gesamt-Milchleistung (kg)	Zahl der Trächtigkeiten	Durchschnittsmilchergebnis pro Melktag (kg)	Durchschnittsmilchergebnis pro Futtertag (kg)	Durchschnittsfettertag pro Futtertag (kg)	Durchschnittsfettertag pro Melktag (%)	Gesamtfettertag pro Laktation (kg)	Lebendgewicht	Widerristhöhe	Kreuzhöhe	Höhe des Schwanzansatzes	Rumpflänge	Länge ohne Hals	Seitliche Länge des Beckens	Beckenbreite	Gesäßbreite	Hüftenbreite	Gurtentiefe	Vordere Brustbreite
1	283	2234	5—7	7,82	6,39	0,21	3,4	76,85	680	139	139	140	193	133	50	50	34	57	75	42
2	295	2478	4—5	8,4	6,789	0,24	3,6	89,20	730	139	144	145	195	138	50	50	30	56	70	47
3	141	761	3—4	5,4	2,08	0,084	4,01	30,44	870	153	155	155	214	142	55	55	35	65	81	49
4	256	1920	4	7,5	5,26	0,19	3,7	71,04	800	135	138	140	185	131	49	53	31	62	70	46
5	365	3942	4	10,8	10,8	0,38	3,6	141,91	760	136	139	139	192	133	46	54	32	57	75	50
6	340	3978	4	11,7	10,89	0,41	3,8	151,16	680	133	136	136	182	126	49	50	29	53	69	42
7	273	2740	4	10,0	7,47	0,30	4,0	109,2	700	135	138	142	196	132	52	51	25	58	68	41
8	293	2461	3	8,4	6,74	0,26	4,0	98,44	620	140	144	149	193	146	50	51	30	54	71	40
9	330	2739	3	8,3	7,50	0,33	4,5	123,25	700	137	142	143	188	134	46	51	31	54	72	35
10	253	2378	3	9,4	6,51	0,24	3,7	88,08	730	135	140	144	189	131	47	47	28	55	78	37
11	280	2772	3	9,9	7,59	0,27	3,6	99,79	700	140	140	145	196	138	51	51	31	55	75	42
12	289	2543	2	8,8	6,96	0,25	3,7	94,09	630	135	140	142	183	132	47	47	32	57	68	45
13	276	1987	2	7,2	5,44	0,20	3,8	75,506	718	143	147	147	203	140	51	51	32	57	74	40
14	350	2940	5—6	8,4	8,05	0,37	4,6	135,24	700	145	145	153	193	138	59	53	38	59	74	42
15	340	2580	4—5	10,0	7,06	0,25	3,6	92,80	830	149	149	152	207	144	53	51	35	53	73	38
16	314	3988	4—5	12,7	10,92	0,39	3,6	143,568	750	142	146	147	201	145	48	49	33	59	71	42,5
17	262	3065	4—5	11,7	8,40	0,32	3,9	119,53	600	135	140	140	193	131	51	49	32	53	73	40
18	315	3465	4—5	11,0	9,49	0,34	3,6	124,74	590	135	138	140	191	136	46	50	32	59	71	42
19	287	2438	4—5	8,5	6,67	0,22	3,3	80,45	650	137	143	144	196	140	51	49	31	57	71	43
20	334	2839	2	8,5	7,77	0,33	3,9	110,72	640	137	140	138	194	131	51	51	28	57	71	43

Tabelle 1 (Fortsetzung).

Masse in Prozenten der Wiederristhöhe · Körpermasse

Laufende Nummer	Wiederristhöhe	Kreuzhöhe	Höhe des Schwanzansatzes	Rumpflänge	Länge ohne Hals	Seitliche Länge des Beckens	Beckenbreite	Vordere Brustbreite	Gesässbreite	Hüftenbreite	Gurtentiefe	Länge der Schulter	Länge des Kopfes	Stirnlänge	Breite der Stirnenge	Breite der Stirnenge (K.)	Stirnlänge (K.)	Länge des Kopfes (K.)	Länge der Schulter (K.)
1	139	100	100,7	138,8	95,68	35,97	35,97	30,21	24,46	41	53,956	35,97	20,15	9,20	10,07	14	13	41	50
2	139	103,59	104,31	146,34	99,28	38,848	35,97	33,093	21,582	40,28	50,359	38,129	35,97	10,791	11,582	16	15	50	52
3	153	101,31	101,31	139,88	92,82	35,95	35,95	32,02	22,88	42,48	52,94	37,58	27,45	8,42	10,45	16	14	42	57
4	135	102,20	103,70	137,02	97,03	36,29	39,25	34,07	22,96	45,92	51,58	40,00	34,07	14,07	14,81	20	19	46	54
5	136	102,25	102,20	141,16	97,79	33,82	39,71	36,76	23,52	41,90	55,14	40,43	33,82	14,07	12,50	17	18	46	55
6	133	102,22	102,25	137,58	94,73	36,84	31,57	37,59	21,80	40,22	51,87	39,84	34,83	13,53	13,53	18	19	46	53
7	135	102,22	105,18	145,18	97,77	38,51	37,77	30,37	18,51	42,96	50,37	37,03	32,59	14,44	14,44	19	20	44	50
8	140	102,85	106,42	137,86	104,28	35,71	36,42	28,57	21,42	38,57	50,71	37,14	31,43	14,44	14,28	20	14	44	52
9	137	103,27	104,00	137,82	97,80	34,55	37,59	25,55	22,63	39,42	52,92	41,60	32,12	10,21	10,21	14	16	44	57
10	135	103,70	106,66	144,44	97,03	34,81	34,81	27,40	20,74	40,74	57,77	40,74	33,33	11,85	12,59	17	19	45	55
11	140	103,57	103,57	140,00	98,56	36,42	36,42	25,00	22,14	42,14	53,56	39,28	32,85	13,57	13,92	19,5	18	46	55
12	135	103,70	105,18	135,54	97,77	34,81	34,81	33,33	23,70	40,74	50,37	40,74	34,07	13,33	14,81	20	17	46	55
13	143	113,14	113,14	142,44	97,90	40,68	36,01	27,99	22,37	39,86	51,74	36,71	31,46	11,58	11,88	17	21	45	57
14	145	100	105,51	133,10	95,17	36,32	36,55	28,96	26,20	39,31	51,03	39,31	33,79	14,47	12,41	18	18	49	51
15	142	104,92	107,04	145,76	104,22	33,80	35,91	26,76	24,65	41,54	51,40	35,91	34,50	12,67	12,67	18	18	46	54
16	142	102,81	103,52	141,54	102,11	37,77	34,50	29,47	23,23	40,14	50,00	38,02	32,39	12,67	13,38	18	20	47	49
17	135	103,70	103,70	142,96	97,03	34,07	36,29	29,62	23,70	39,25	54,07	36,29	32,59	14,81	13,33	18	21	44	49
18	135	102,22	103,70	141,48	100,74	37,22	37,03	31,11	23,70	43,70	52,59	41,48	36,29	15,55	13,33	18	18	49	52
19	137	104,37	105,10	142,00	102,18	37,22	35,76	31,38	22,63	41,60	51,82	38,32	33,55	13,13	13,13	18	20	46	49
20	137	102,18	100,72	141,60	95,61	37,22	37,22	31,38	20,44	41,60	51,82	35,76	32,85	14,10	12,40	17		45	

Herde I. Tabelle 2.

Leistungen

Laufende Nummer	Dauer der Gesamt-milchleistung kg	Gesamt-milchleistung kg	Zahl der Trächtigkeiten	Durchschnittsmilchergebnis pro Melktag kg	Durchschnittsmilchergebnis pro Futtertag kg	Durchschnittsfettertrag pro Futtertag kg	Durchschnittsfettertrag pro Melktag %	Gesamt-fettertrag pro Laktation	Lebend-gewicht
16	314	3988	4—5	12,7	10,92	0,39	3,6	143,56	750
6	340	3978	4	11,7	10,89	0,41	3,8	151,16	680
5	365	3942	4	10,8	10,80	0,38	3,6	141,91	760
18	315	3465	4—5	11,0	9,49	0,34	3,6	124,74	590
17	262	3065	4—5	11,7	8,40	0,32	3,9	119,53	600
14	350	2940	5—6	8,4	8,05	0,37	4,6	135,24	700
20	334	2839	2	8,5	7,77	0,30	3,9	110,72	640
11	280	2772	3	9,9	7,59	0,27	3,6	99,79	700
7	273	2740	4	10	7,47	0,30	4,0	109,6	700
9	330	2739	3	8,3	7,5	0,33	4,5	123,25	700
15	289	2580	2	8,8	7,06	0,25	3,6	92,8	630
12	258	2543	4—5	10,0	6,96	0,25	3,7	94,09	750
2	295	2478	4—5	8,4	6,78	0,24	3,6	89,20	730
8	293	2461	3	8,4	6,74	0,26	4,0	98,44	620
19	287	2438	4—5	8,5	6,67	0,22	3,3	80,45	650
10	253	2378	3	9,4	6,51	0,24	3,7	88,08	730
1	283	2234	5—7	7,8	6,39	0,21	3,4	76,85	680
13	276	1987	2	7,2	5,44	0,20	3,8	75,506	710
4	256	1920	4	7,5	5,26	0,19	4,0	71,04	800
3	141	761	3—4	5,4	2,08	0,084	3,7	30,44	870

Tabelle 2 (Fortsetzung).

Masse in Prozenten der Wiederristhöhe

Laufende Nummer	Wiederristhöhe	Kreuzhöhe	Schwanzansatzhöhe	Rumpflänge	Länge ohne Hals	Seitliche Beckenlänge	Beckenbreite	Gesässbreite	Hüftenbreite	Gurtentiefe	Länge der Schulter	Vordere Brustbreite	Kopflänge	Stirnlänge	Breite der Stirnenge
16	142	102,81	103,52	141,54	102,17	33,80	34,50	23,23	40,14	50,00	38,02	29,47	32,39	12,67	13,38
6	133	102,25	102,25	137,58	94,73	36,84	31,57	21,80	40,22	51,87	39,84	37,59	34,83	13,53	13,53
5	136	102,20	102,20	141,16	97,79	33,82	39,71	23,52	41,90	55,14	40,43	36,76	33,82	14,07	12,30
18	135	102,22	103,70	141,48	100,74	34,07	37,03	23,70	43,70	52,59	41,48	31,11	36,29	15,55	13,33
17	135	103,70	103,70	142,96	97,03	37,77	36,29	23,70	39,25	54,07	36,29	29,62	32,59	14,81	13,33
14	145	100,07	105,51	133,10	95,17	40,68	36,55	26,20	39,31	51,03	39,31	28,96	33,79	14,47	12,41
20	137	102,18	100,72	141,60	95,61	37,22	37,22	20,44	41,60	51,82	35,76	31,38	32,85	14,60	12,40
11	140	103,57	103,57	140,00	98,51	36,42	36,42	22,14	42,14	53,57	39,28	25,00	32,59	13,57	13,92
7	137	102,22	105,18	145,18	97,77	37,77	37,77	18,51	42,96	50,37	37,03	30,37	32,12	14,44	14,44
9	132	103,27	104,00	137,22	97,80	37,59	37,59	22,63	39,42	52,92	41,60	25,55	34,50	10,21	10,21
15	137	104,92	107,04	145,76	104,22	36,32	35,91	24,65	41,54	51,40	35,91	26,76	34,07	12,67	12,67
12	142	103,70	105,18	135,54	97,77	34,81	34,81	23,70	40,74	50,37	40,74	33,33	35,97	13,33	14,81
2	135	103,59	104,31	146,04	99,28	38,84	35,97	21,58	40,28	50,35	38,12	33,093	31,43	10,79	11,58
8	139	102,85	106,42	137,86	104,28	35,71	36,42	21,42	38,57	50,71	37,14	28,57	33,55	14,28	14,28
19	140	104,37	105,10	142,06	102,18	37,22	35,76	22,63	41,60	51,82	38,32	31,38	33,33	13,13	13,13
10	137	103,70	106,66	144,44	97,03	34,81	34,81	20,74	40,74	57,77	40,74	27,40	20,15	11,85	12,59
1	135	100,00	100,70	138,80	95,68	35,97	35,97	24,46	41,00	53,95	35,97	30,21		9,20	10,07
13	130	103,14	103,14	142,44	97,98	36,01	36,01	22,37	39,86	51,74	36,76	27,99	31,46	11,58	11,88
4	143	102,22	103,70	137,02	97,03	36,29	39,25	22,96	45,92	51,58	40,00	34,07	34,07	14,07	14,81
3	153	101,31	101,31	139,88	92,82	35,95	35,95	22,88	42,48	52,94	37,88	27,45	32,02	8,82	10,45

Herde I. Tabelle 3.

Leistungen

Laufende Nummer	Dauer der Gesamtmilchleistung Tage	Gesamtmilchleistung kg	Durchschnittsmilchertrag pro Melktag kg	Durchschnittsmilchertrag pro Futtertag kg	Durchschnittsfettertrag pro Futtertag kg	Durchschnittsfettertrag pro Melktag %	Gesamtfettertrag pro Laktation kg	Zahl der Trächtigkeiten	Lebendgewicht
6	340	3978	11,7	10,89	0,41	3,8	151,16	4	680
16	314	3988	12,7	10,92	0,39	3,6	143,56	4—5	750
5	365	3942	10,8	10,8	0,38	3,6	141,91	4	760
14	350	2940	8,4	8,05	0,37	4,6	135,24	5—6	700
18	315	3465	11,0	9,49	0,34	3,6	124,74	4—5	590
9	330	2739	8,3	7,5	0,33	4,5	123,25	3	700
17	262	3065	11,7	8,4	0,32	3,9	119,53	4—5	600
20	334	2839	8,5	7,77	0,30	3,9	110,72	2	640
7	273	2740	10,0	7,47	0,30	4,0	109,6	4	700
11	280	2772	9,9	7,59	0,27	3,6	99,79	3	700
8	293	2461	8,4	6,74	0,26	4,0	98,44	3	620
12	258	2543	10	6,96	0,25	3,7	94,09	4—5	750
15	289	2580	8,8	7,06	0,25	3,6	92,8	2	630
2	295	2478	8,4	6,78	0,24	3,6	89,20	4—5	730
10	253	2378	9,4	6,51	0,24	3,7	88,08	3	730
19	287	2438	8,5	6,67	0,22	3,3	80,55	4—5	650
1	283	2234	7,8	6,39	0,21	3,4	76,85	5—7	680
13	276	1987	7,2	5,44	0,20	3,8	75,50	2	710
4	256	1920	7,5	5,26	0,19	4,0	71,04	4	800
3	141	761	5,4	2,08	0,084	3,7	30,44	3—4	870

Herde I. Tabelle 3 (Fortsetzung).

Masse in Prozenten der Wiederristhöhe

Laufende Nummer	Wiederisthöhe	Kreuzhöhe	Schwanzansatzhöhe	Rumpflänge	Länge ohne Hals	Beckenlänge	Beckenbreite	Gesässbreite	Gurtentiefe	Schulterlänge	Vordere Brustbreite	Hüftenbreite	Kopflänge	Stirnlänge	Breite der Stirnenge
6	133	102,25	102,25	137,58	94,73	36,84	31,57	21,80	51,87	39,84	37,59	40,22	34,83	13,53	13,53
16	142	102,81	103,52	141,54	102,17	33,80	34,50	23,23	50,00	38,02	29,47	40,14	32,39	12,67	13,38
5	136	102,20	102,20	141,16	97,79	33,82	39,71	23,52	55,14	40,43	36,78	41,90	33,82	14,07	12,50
14	145	100,00	105,51	133,10	95,17	40,68	36,55	26,20	51,83	39,31	28,96	39,31	33,79	14,47	12,41
18	135	102,22	103,70	141,48	100,74	34,07	37,03	23,70	52,59	41,48	31,11	43,70	36,29	15,58	13,33
9	137	103,27	104,00	137,22	97,80	37,59	37,59	22,63	52,92	41,60	25,55	39,42	32,12	10,21	10,21
17	135	103,70	103,70	142,96	97,03	37,77	36,28	23,70	54,07	36,29	29,62	39,25	32,59	14,81	13,33
20	137	102,18	100,72	141,60	95,61	37,22	37,22	20,44	51,82	35,76	31,38	41,60	32,85	14,60	12,40
7	132	102,22	105,18	145,18	97,77	37,77	37,77	18,51	50,37	37,03	30,37	42,96	32,59	14,44	14,44
11	140	103,57	103,57	140,07	98,56	36,42	36,42	22,14	53,56	39,28	85,00	42,14	32,85	13,57	13,92
8	140	102,85	106,42	137,86	104,28	35,71	36,42	21,42	50,77	37,14	28,57	38,57	31,43	14,28	14,28
12	135	103,70	105,18	135,54	97,77	34,81	34,81	23,70	50,37	40,74	33,33	40,74	34,07	13,33	14,81
15	142	104,92	107,04	145,76	104,22	36,32	35,91	24,65	51,40	35,91	26,76	41,54	34,50	12,67	12,67
2	139	103,59	104,31	146,04	99,28	38,84	35,97	21,58	50,35	38,12	33,093	40,28	35,97	10,79	11,58
10	135	103,70	106,66	144,44	97,03	34,81	34,81	20,74	57,77	40,74	27,40	40,74	33,33	11,85	12,59
19	137	104,37	105,10	142,06	102,18	37,22	35,76	22,63	51,82	38,32	31,38	41,60	33,55	13,13	13,13
1	139	100,00	100,70	138,80	95,68	35,97	35,97	24,46	53,95	35,97	30,21	41,00	20,15	9,20	10,07
13	143	103,14	103,14	142,44	97,98	36,01	36,01	22,37	51,74	36,71	27,99	39,86	31,41	11,58	11,88
4	135	102,22	103,70	137,02	97,03	36,29	39,25	22,96	51,58	40,00	34,07	45,92	34,02	14,07	14,81
3	153	101,31	101,31	139,88	92,82	35,95	35,95	22,88	52,94	37,88	27,45	42,48	32,12	8,82	10,45

Herde II ist in den Tabellen 2 und 3 der besseren Uebersicht wegen mit Herde III kombiniert.

Leistungen — Körpermasse

Laufende Nr.	Dauer der Gesamtmilchleistung Tage	Gesamtmilchleistung kg	Durchschnittsmilchergebnis pro Melktag kg	pro Futtertag kg	Durchschnittsfettgehalt	Lebendgewicht	Zahl der Trächtigkeit	Widerristhöhe	Kreuzhöhe	Höhe des Schwanzansatzes	Rumpflänge	Länge ohne Hals	Seitliche Länge des Beckens	Beckenbreite	Gesässbreite	Hüftenbreite	Vordere Brustbreite
1	454	5205	11,5	13,76	—	600	5	136	136	135	185	127	46	50	28	52	48
2	411	5523	13,4	15,2	—	750	4	136	140	141	190	133	51	52	34	61	45
3	383	6311	16,4	17,2	—	650	4	137	137	140	193	131	60	49	27	56	44
4	337	4137	12,2	11,3	—	550	3	130	130	131	183	122	44	43	28	51	37
5	212	3406	16,5	9,4	—	600	6	136	137	143	194	140	53	50	31	52	36
6	388	4907	12,64	12,7	—	650	2	139	144	144	185	141	51	51	34	52	42
7	346	3564	10,30	9,7	—	600	2	137	140	140	196	137	49	50	32	55	39
8	311	3608	11,60	9,8	—	700	2	144	145	150	195	140	55	55	27	57	41
9	365	5134	14,06	14,06	—	650	6	146	150	150	193	140	53	54	30	61	47

Körpermasse — Masse in Prozenten der Wiederristhöhe

Laufende Nr.	Länge der Schulter	Gurtentiefe	Kopflänge	Breite der Stirnenge	Stirnlänge	Widerristhöhe	Kreuzhöhe	Höhe des Schwanzansatzes	Rumpflänge	Länge ohne Hals	Seitliche Länge des Beckens	Beckenbreite	Gesässbreite	Hüftenbreite	Vordere Brustbreite	Schulterlänge	Gurtentiefe	Kopflänge	Breite der Stirnenge	Stirnlänge
1	50	72	44	17	18	136	100,00	98,91	138,02	93,38	33,82	36,76	20,58	38,23	35,29	36,76	52,94	32,35	12,50	13,23
2	56	70	51	18	18	136	103,67	102,94	139,70	97,79	37,94	38,23	25,00	44,85	33,09	41,12	51,47	37,49	13,23	13,23
3	50	71	56	20	20	137	100,00	102,18	140,88	95,61	43,80	35,76	19,70	40,73	32,12	36,50	51,63	33,50	14,60	14,60
4	48	70	42	16	16	130	100,00	100,76	143,00	99,84	33,84	33,07	21,53	39,23	28,46	36,92	53,84	31,61	12,30	13,07
5	53	71	43	15	15	136	100,73	105,14	142,64	102,94	38,97	36,76	22,79	38,23	26,47	38,97	52,20	34,17	10,03	10,03
6	56	71	47	18	19	139	103,59	103,59	133,08	101,43	36,69	36,69	24,46	37,77	30,21	40,28	51,08	27,20	12,59	13,66
7	50	74	40	18	18,5	137	102,18	102,18	142,06	100,00	35,76	36,50	23,35	40,14	28,47	36,50	54,01	29,16	13,13	13,09
8	51	72	42	18	17	144	100,69	104,16	135,40	97,22	38,19	38,19	18,75	39,44	28,47	39,58	50,00	11,76	12,50	11,76
9	57	77	52	19	19	146	102,73	102,73	132,18	95,89	36,30	36,98	20,54	41,77	32,17	39,04	52,74	35,11	13,01	13,01

Herde III. Tabelle 1.

Leistungen / Masse

Laufende Nr.	Dauer der Gesamtmilchleistung Tage	Gesamtmilchleistung kg	Durchschnittsergebnis pro Melktag kg	pro Futtertag kg	Zahl der Trächtigkeiten	Lebendgewicht kg	Durchschnitts fettgehalt pro Jahr	Wiederristhöhe	Kreuzhöhe	Höhe des Schwanzansatzes	Rumpflänge	Länge ohne Hals	Seitliche Länge des Beckens	Beckenbreite	Hüftenbreite	Gesässbreite	Vordere Brustbreite
10	320	3185	9,9	8,72	2	700	—	136	142	143	196	158	52	55	58	26	46
11	332	3499	10,3	9,59	7	630	—	140	141	141,5	200	170	51	49	51	34	51
12	322	3490	10,8	9,56	3	760	—	141	142	141	195	160	54	52	60	34	45
13	303	3828	12,6	10,49	4	700	—	139,5	138,5	140	207	165	53,5	53	56	32	46,5
14	343	3439	10,0	9,42	2	640	—	135	139	141	191	156	47	51	57	32	49
15	325	2986	9,1	8,18	4	740	—	140	144	146	208	166	55	57	59	30	50
16	310	2467	7,9	6,76	1	750	—	140	145	145	206	162	54	51	55	33	47
17	327	3522	10,7	9,65	6	788	—	144	146	148	200	166	51	51	60	30	50

Masse / Masse in Prozenten der Wiederristhöhe

Laufende Nr.	Gurtentiefe	Länge der Schulter	Kopflänge	Stirnlänge	Breite der Stirnenge	Wiederristhöhe	Kreuzhöhe	Höhe des Schwanzansatzes	Rumpflänge	Länge ohne Hals	Seitliche Länge des Beckens	Beckenbreite	Hüftenbreite	Gesässbreite	Vordere Brustbreite	Gurtentiefe	Länge der Schulter	Kopflänge	Stirnlänge	Breite der Stirnenge
10	70	56	50	18	17	136	104,41	105,14	144,10	116,17	38,23	40,43	42,64	19,11	33,82	51,47	41,12	36,76	13,23	12,5
11	71	52	49	22	17	140	103,67	104,04	147,04	125,00	37,49	36,03	37,49	25,00	37,49	52,20	38,23	36,03	16,17	12,5
12	74	50	45	20	16	141	100,70	100,00	138,28	113,47	38,29	36,87	42,55	24,10	31,91	52,48	35,46	31,91	14,18	11,34
13	73	54	46	21	16,5	139,5	99,28	100,35	158,40	118,27	38,35	37,99	40,14	22,58	33,33	52,43	38,71	32,97	15,05	11,82
14	70	50	50	20	14,5	135	102,96	104,44	158,56	115,55	34,81	37,77	42,22	23,70	36,29	51,85	37,03	37,03	14,81	10,74
15	75	55	50	20	15	140	102,85	104,28	146,14	118,57	39,28	40,71	42,14	21,42	35,71	53,56	39,28	35,71	14,28	10,71
16	72	55	50	20	17	140	103,57	103,57	198,88	115,71	38,57	36,42	39,28	23,57	33,56	51,43	39,28	35,71	14,28	12,14
17	76	56	47	19	16	144	101,58	102,77	138,88	115,27	35,41	35,41	41,66	20,83	34,72	52,77	38,88	32,63	15,19	11,11

Herde II und III. Tabelle 2.

Herde III ist in Tabellen 2 und 3, der besseren Uebersicht wegen, mit Herde II zusammengezogen.

| Laufende Nummer | Dauer der Gesamtmilchleistung in Tagen | Gesamtmilchleistung in kg | Leistungen | | Zahl der Trächtigkeiten | Lebendgewicht kg |
| | | | Durchschnittsmilchertrag | | | |
			pro Melktag kg	pro Futtertag kg		
3	383	6311	16,4	16,4	4	650
2	411	5523	13,4	13,7	4	750
1	454	5205	11,5	11,5	5	600
9	365	5134	14,06	14,06	6	650
6	388	4907	12,64	12,7	2	650
4	337	4137	12,2	11,3	3	550
13	303	3828	12,6	10,49	4	700
8	311	3608	11,6	9,8	2	700
7	346	3564	10,3	9,7	2	600
17	327	3522	10,7	9,65	6	785
11	332	3499	10,3	9,59	2	630
5	212	3496	16,5	9,4	6	600
12	322	3490	10,8	9,56	3	760
14	343	3439	10,0	9,42	2	640
10	320	3185	9,9	8,72	2	700
15	325	2986	9,1	8,18	4	740
16	310	2467	7,9	6,76	1	750

Tabelle 2 (Fortsetzung).

Masse in Prozenten der Wiederristhöhe

Laufende Nummer	Wiederristhöhe	Kreuzhöhe	Schwanzansatz-höhe	Rumpflänge	Länge ohne Hals	Seitliche Beckenlänge	Beckenbreite	Gesässbreite	Hüftenbreite	Gurtentiefe	Schulterlänge	Vordere Brustbreite	Kopflänge	Stirnlänge	Breite der Stirnenge
3	137	100,00	102,18	140,88	95,61	43,80	35,76	19,70	40,73	51,63	36,50	31,12	33,55	14,60	14,60
2	136	103,67	102,94	139,70	97,79	37,94	38,23	25,00	44,85	51,47	41,12	33,09	37,49	13,23	13,23
1	136	100,00	98,91	138,02	93,38	33,82	36,76	20,58	38,23	52,44	36,76	35,29	32,25	12,50	13,23
9	146	102,73	102,73	132,18	95,89	36,30	36,98	20,54	41,77	52,74	39,04	32,17	35,61	13,01	13,01
6	139	103,59	103,59	133,08	101,43	36,69	36,69	24,46	37,77	51,08	40,28	30,21	34,17	12,59	13,60
4	130	100,00	100,76	143,00	93,84	33,84	33,07	21,53	39,23	53,84	36,92	28,46	32,30	12,30	13,07
13	139,5	99,28	100,35	143,40	118,27	38,35	37,19	22,58	40,14	52,43	38,71	33,33	32,97	15,05	11,82
8	144	100,96	104,16	135,40	97,22	38,19	38,19	18,71	39,44	50,00	39,56	28,47	29,16	12,50	11,76
7	137	102,18	102,18	142,06	100,00	35,76	36,50	23,35	40,14	54,01	36,50	28,47	29,20	13,13	13,09
17	144	102,77	102,77	198,88	115,27	35,41	35,41	20,83	41,66	52,77	38,88	34,72	32,63	13,19	11,11
11	140	101,38	104,04	147,04	125,00	37,49	36,03	25,00	37,49	52,20	38,23	37,49	36,03	16,17	12,5
5	136	103,67	105,14	142,64	102,94	38,97	36,76	22,79	38,23	52,20	38,97	26,47	31,61	10,03	10,03
12	141	100,73	100,00	138,28	113,47	38,29	36,87	24,10	42,55	52,48	35,46	31,91	31,91	14,81	11,34
14	135	100,00	104,44	141,48	115,55	34,81	37,77	23,70	42,22	51,85	37,03	36,29	37,03	14,18	10,74
10	136	102,96	105,14	144,10	116,17	38,23	40,43	19,11	42,64	51,47	41,12	33,82	36,76	13,23	12,50
15	140	104,41	104,28	158,56	118,57	39,28	40,71	21,42	42,14	53,56	39,28	35,71	35,71	14,28	10,71
16	140	103,57	103,57	146,14	115,71	38,57	36,42	23,57	39,28	51,43	39,28	33,56	35,71	14,28	12,14

Sämtliche Simmenthaler Herden zusammengezogen

Herde No.	Laufende No.	Gesamtmilchertrag	Zahl der Trächtigkeiten	Lebendgewicht	Widerristhöhe	Kreuzhöhe	Schwanzansatzhöhe	Rumpflänge	Länge ohne Hals	Seitliche Beckenlänge
2+3	3	6311	4	650	137	100,00	102,18	140,88	95,61	43,80
	2	5523	4	450	136	103,67	102,94	139,70	97,79	37,94
	1	5205	5	600	136	100,00	98,91	138,02	93,38	33,82
	9	5134	6	650	146	102,73	102,73	132,18	95,89	36,30
	6	4907	2	650	139	103,59	103,59	133,08	101,43	36,69
	4	4137	3	550	130	100,00	100,76	143,00	93,84	33,84
1	16	3988	4—5	750	142	102,81	103,52	141,54	102,17	33,80
1	6	3978	4	680	133	102,25	102,25	137,58	94,73	36,84
1	5	3942	4	760	136	102,20	102,20	141,16	97,79	33,82
2+3	13	3828	4	700	139,5	99,28	100,35	158,40	118,27	38,25
	8	3608	2	700	144	100,96	104,16	135,40	97,22	38,19
	7	3564	2	600	137	102,18	102,18	142,06	100,00	35,76
	17	3522	6	785	144	101,38	102,77	198,88	115,27	35,41
	11	3499	2	630	140	103,67	104,04	147,04	125,00	37,49
	5	3496	6	600	136	100,73	105,14	142,64	102,94	38,97
	12	3490	3	760	141	100,70	100,00	138,28	113,47	38,29
1	18	3465	4—5	590	135	102,22	103,70	141,48	100,74	34,07
2+3	14	3439	2	640	135	102,92	104,44	141,48	115,55	34,81
	10	3185	2	700	136	104,41	105,14	144,10	116,17	38,23
1	17	3065	4—5	600	135	103,70	103,70	142,96	97,03	37,77
2+3	15	2986	4	740	140	102,85	104,28	158,56	118,57	39,28
	14	2940	5—6	700	145	100,07	105,51	133,10	95,17	40,68
	20	2839	2	640	137	102,18	101,72	141,60	95,61	37,22
	11	2772	3	700	140	103,57	103,57	140,00	98,51	36,42
1	7	2740	4	700	132	102,22	105,18	145,18	97,77	37,77
	9	2739	2	700	137	103,27	104,00	137,22	97,80	37,59
	15	2580	2	630	142	104,92	107,04	145,76	104,22	36,32
	12	2543	4—5	750	135	103,70	105,18	135,54	97,77	34,81
	2	2478	4—5	730	139	103,59	104,31	146,04	99,28	38,84
2+3	16	2467	1	750	140	103,57	103,57	146,14	115,71	38,57
1	8	2461	3	620	140	102,85	106,42	137,86	104,28	35,71
1	19	2438	4—5	650	137	104,37	105,10	142,06	102,18	37,22
1	10	2378	3	730	135	103,70	106,66	144,44	97,03	34,81
	1	2234	5—7	680	139	100,00	100,00	138,80	95,68	35,97
1	13	1987	2	710	143	103,14	103,14	142,44	97,98	36,01
	4	1920	4	800	135	102,22	103,70	137,02	97,03	36,29
	3	761	3—4	870	153	101,31	101,31	139,88	92,82	35,95

und die Tiere nach ihrer Milchleistung geordnet.

Beckenbreite	Gesäßbreite	Hüftenbreite.	Gurtentiefe	Schulterlänge	Vordere Brustbreite	Kopflänge	Stirnlänge	Breite der Stirnenge
35,76	19,20	40,73	51,63	36,50	31,12	33,55	14,60	14,60
38,23	25,00	44,85	51,47	41,12	33,09	37,49	13,23	13,23
36,76	20,58	38,23	52,44	36,76	35,29	32,25	12,50	13,23
36,98	20,54	41,77	52,74	39,04	32,17	35,61	13,01	13,01
36,69	24,46	37,77	51,08	40,28	30,21	34,17	12,59	13,60
33,07	21,53	39,23	53,84	36,92	28,46	32,30	12,30	13,07
34,50	23,23	40,14	50,00	38,02	29,47	32,39	12,67	13,38
31,57	21,80	40,22	51,87	39,84	37,59	34,83	13,53	13,53
39,71	23,52	41,90	55,14	40,43	36,76	33,82	14,07	12,30
37,19	22,58	40,14	52,43	38,71	33,33	32,97	15,05	11,82
38,19	18,75	39,44	50,00	39,56	28,47	29,16	12,50	11,76
36,50	23,35	40,14	54,01	36,50	28,47	29,20	13,13	13,09
36,41	20,73	41,66	52,77	38,88	34,72	32,63	13,19	11,11
36,03	25,00	37,49	52,80	38,23	37,49	36,03	16,17	12,5
36,76	22,79	38,23	52,20	38,97	26,47	31,61	10,03	10,03
35,87	24,10	42,55	52,48	35,46	31,91	31,91	14,18	14,18
37,03	23,70	43,20	52,59	41,48	31,11	36,29	15,55	13,33
37,77	23,70	42,22	51,85	37,03	36,29	37,03	14,81	10,74
40,43	19,11	42,64	51,47	41,12	33,82	36,76	13,23	12,50
36,29	23,70	39,25	54,07	36,29	29,62	32,59	14,81	13,33
40,71	21,42	42,14	53,56	39,88	35,71	35,71	14,28	10,71
36,55	26,20	39,31	51,03	39,31	28,96	33,79	14,47	12,41
37,22	20,44	41,60	51,82	35,76	32,38	32,85	14,60	12,40
36,42	22,14	42,14	53,57	39,28	25,00	32,85	13,57	13,92
37,77	18,51	42,96	56,37	37,03	30,37	32,59	14,44	14,44
37,59	22,63	39,42	52,92	41,60	25,55	32,12	10,21	10,21
35,91	24,65	41,54	51,40	35,91	26,76	34,50	12,67	12,67
34,81	23,70	40,74	50,37	40,74	33,33	34,07	13,33	14,81
35,97	21,58	40,88	50,35	38,12	33,93	35,97	10,79	11,58
36,42	23,57	39,38	51,43	39,28	33,56	35,71	14,28	12,14
36,42	23,57	38,57	50,71	37,14	28,57	31,43	14,28	14,28
35,76	32,63	41,60	51,82	38,32	31,38	33,55	13,13	13,13
34,81	20,74	40,74	57,77	40,74	27,40	33,33	11,85	12,59
35,97	24,46	41,00	53,95	35,97	30,21		10,20	10,07
36,01	22,37	39,86	51,74	36,76	27,99	29,15	11,58	11,88
39,25	22,96	45,92	51,58	40,00	34,07	31,46	14,07	14,81
35,95	22,30	42,48	52,94	37,88	27,45	34,07	10,82	10,45
						32,02		

Herde IV, V und VI. Tabelle 1.

Herden IV, V und VI sind in den Tabellen 1—3, der geringen Anzahl der Tiere und der besseren Uebersicht wegen, zusammengestellt.

			Leistungen							Masse											
Laufende No.	Dauer der Milchleistung Tage	Gesamte Milchleistung kg	Durchschnittsmilchertrag pro Melktag kg	pro Futtertag kg	Durchschnittsfettertrag pro Futtertag kg	pro Melktag kg	Gesamtfettertrag pro Laktation kg	Zahl der Trächtigkeiten	Lebendgewicht kg	Widerristhöhe	Kreuzhöhe	Höhe des Schwanzansatzes	Rumpflänge	Länge ohne Hals	Seitliche Länge des Beckens	Beckenbreite	Gesässbreite	Hüftenbreite	Gurtentiefe	Länge der Schulter
Herde IV.																				
1	330	2310	7	6,3	0,24	3,9	90,09	2	450	124	126	128	183	131	56	42	25	51	65	46
2	190	1930	7	3,6	0,16	4,5	59,85	1	430	124	130	130	180	122	49	44	22	51	65	46
3	355	3055	8,6	8,3	0,33	4	122,12	4	486	124	126	126	181	128	50	41	22	50	65	45
4	258	1192	4,6	3,2	0,14	4,43	52,44	1	480	127	132	132	179	130	48	45	30	51	65	52
5	300	2636	8,7	7,2	0,36	5	131,80	5	510	127	128	130	190	135	50	46	26	49	69	50
6	270	2218	8,2	6,0	0,22	3,75	82,06	2	530	129	130	132	185	138	47	46	23	50	69	49
7	300	2402	8,0	6,5	0,26	4,1	98,48	2	485	127	131	133	185	129	47	44	22	48	63	51
8	286	2316	8,1	6,3	0,27	4,3	99,58	3	492	128	132	133	174	122	47	41	21	47	65	47
Herde V.																				
1	365	2883	7,8	7,8	0,24	4,1	88,23	7	550	134	134	136	187	128	47	40	22	50	70	51
2	290	1824	6,2	4,9	0,23	4,73	85,72	3	483	127	126	130	164	119	51	44	21	49	65	45
3	300	2700	9,0	7,3	0,33	4,5	121,50	3	466	122	125	127	177	121	49	45	24	49	65	46
4	325	2825	8,6	7,7	0,30	3,9	110,17	2	389	126	125	125	161	110	45	41	22	47	60	48
5	301	2385	7,9	6,5	0,22	3,6	83,86	6	485	127	127	130	186	130	45	40	26	51	64	45
6	300	2400	8,0	6,5	0,28	4,3	103,20	3	492	128	131	133	188	129	50	45	25	53	65	46
Herde VI.																				
1	270	2100	7,7	5,7	0,23	4	84,00	6	582	126	131	133	187	130	53	47	27	57	70	46
2	270	2610	9,6	7,1	0,30	4,2	109,62	3	500	120	123	130	186	132	52	45	25	52	66	49
3	200	1222	6,9	3,3	0,13	3,9	47,65	2	455	133	132	132	182	128	49	47	22	47	67	48
4	240	2496	10,4	6,7	0,25	4,2	94,83	3	485	127	131	133	181	128	55	46	27	32	70	47
5	312	1538	4,9	4,2	0,13	4,5	49,21	3	546	127	128	131	181	125	53	45	23	47	67	49
6	320	1740	5,4	4,7	0,20	4,3	74,82	1	407	125	125	125	166	118	46	42	22	46	62	47
7	291	1531	5,2	4,2	0,17	4,2	64,30	2	382	117	122	121	157	109	46	40	18	48	64	44

Tabelle 1 (Fortsetzung).

Herde / No.	\[% Widerristhöhe\] Breite der Stirnenge	Stirnlänge	Länge des Kopfes	Vordere Brustbreite	Länge der Schulter	Gurtentiefe	Hüftenbreite	Gesässbreite	Beckenbreite	Seitliche Beckenlänge	Länge ohne Hals	Rumpflänge	Höhe des Schwanzansatzes	Kreuzhöhe	Wiederisthöhe	\[Masse\] Breite der Stirnenge	Stirnlänge	Länge des Kopfes	Vordere Brustbreite
Herde IV 1	9,67	12,9	31,45	30,64	37,10	52,42	41,13	20,16	33,87	45,15	105,64	105,62	103,22	101,01	124	12	16	39	38
2	12,58	12,9	32,93	29,84	37,10	52,42	41,13	17,74	35,45	39,51	98,39	143,16	104,83	104,83	124	16	16	41	37
3	14,46	16,13	34,53	33,87	36,29	52,42	40,32	17,74	33,06	40,32	101,61	145,96	101,61	101,61	124	18	20	43	42
4	14,90	18,32	35,29	33,07	40,94	50,98	40,00	23,12	35,43	37,79	101,96	140,94	103,93	103,93	127	19	24	45	42
5	14,17	17,32	33,85	31,50	39,37	54,32	38,58	20,47	35,49	39,37	106,29	149,6	100,78	102,36	127	18	22	43	42
6	13,95	15,50	33,33	31,01	38,76	53,48	38,76	17,82	35,67	36,43	107,37	147,28	100,77	102,32	129	18	20	44	40
7	11,90	15,08	35,71	31,74	40,48	50,00	38,09	17,46	34,92	37,30	102,38	148,42	105,55	103,96	126	15	19	45	40
8	13,28	15,62	35,93	25,00	36,71	50,78	37,10	16,40	32,15	36,71	95,31	135,92	103,12	103,90	128	17	20	46	32
Herde V 1	13,43	14,92	32,08	23,88	38,05	52,23	37,31	16,41	29,85	35,07	95,52	147,00	101,49	100,00	134	18	20	43	32
2	14,96	14,96	36,08	30,71	35,29	51,18	38,58	16,53	34,64	40,16	93,33	129,12	102,36	99,22	127	19	19	46	39
3	15,57	15,52	38,06	28,68	37,79	53,06	40,16	19,67	36,88	40,16	99,18	145,08	104,09	102,45	122	19	17	44	35
4	12,29	13,93	32,78	31,14	39,34	49,18	38,52	18,03	33,60	36,88	89,79	131,96	102,45	100,79	122	15	17	40	38
5	11,90	14,28	34,92	29,36	35,71	50,79	40,48	20,63	31,74	35,71	103,17	149,20	103,17	103,14	126	18	18	44	37
6	14,28	16,66	36,51	31,74	36,51	51,18	42,06	19,86	35,29	39,69	102,38	149,20	105,55		127	18	21	46	40
Herde VI 1	14,28	14,28	34,92	37,30	36,51	55,55	45,23	21,42	37,70	42,06	103,17	148,42	105,55	103,96	126	18	18	44	47
2	14,16	12,50	36,66	32,50	40,83	55,00	43,33	20,83	37,50	43,33	110,00	155,00	108,33	102,50	120	17	25	44	39
3	14,28	12,03	32,33	29,32	36,09	50,37	35,33	16,16	36,22	36,84	100,78	143,28	99,24	99,24	133	19	16	43	42
4	14,17	15,74	33,07	33,07	37,00	55,12	40,94	21,26	35,43	43,31	98,43	142,50	104,72	103,14	127	18	20	42	44
5	9,45	11,81	31,50	34,64	38,58	52,75	37,00	18,11	33,60	41,73	94,40	132,80	103,14	100,78	127	12	15	40	44
6	9,6	9,6	29,60	31,70	37,60	49,60	36,80	17,60	34,18	36,80	100,85	134,18	100,10	100,00	125	12	12	37	38
7	11,96	14,52	34,18	32,47	37,60	54,70	41,02	15,38		39,31			103,41	104,27	117	14	17	40	38

Herde IV, V und VI. Tabelle 2.

Leistungen

Laufende Nummer	Dauer der Gesamtmilchleistung Tage	Gesamtmilchleistung kg	Durchschnittsmilchertrag		Durchschnittsfettertrag		Gesamtfettertrag pro Laktation kg	Zahl der Trächtigkeiten	Lebendgewicht kg
			pro Melktag kg	pro Futtertag kg	pro Futtertag kg	pro Melktag kg			
3	355	3053	8,6	8,3	0,33	4	122,12	4	486
9	365	2883	7,8	7,8	0,24	4,1	118,23	7	550
12	325	2825	8,6	7,7	0,30	3,9	110,17	2	389
11	300	2700	9,0	7,7	0,33	4,5	121,50	3	466
5	300	2636	8,7	7,3	0,36	5	131,80	3	510
16	270	2610	9,6	7,2	0,30	5	109,62	5	510
18	240	2496	10,4	7,1	0,25	4,2	94,83	3	485
7	300	2402	8	6,7	0,26	4,1	98,48	3	485
14	300	2400	8	6,5	0,28	4,3	103,20	2	492
13	301	2385	8	6,5	0,26	3,6	84,86	3	485
8	286	2316	8,1	6,5	0,27	4,3	99,58	3	492
6	330	2310	7	6,3	0,27	3,9	90,09	6	450
15	270	2218	8,2	6,3	0,24	3,75	82,06	2	530
10	290	2100	7,7	6	0,22	4	84,00	3	582
1	330	1824	5,5	5,7	0,23	4,73	85,72	2	483
20	320	1740	5,4	4,9	0,24	4,3	74,82	3	407
19	312	1538	4,9	4,7	0,13	4,5	49,21	1	546
21	291	1531	5,2	4,2	0,17	4,2	64,30	2	382
2	190	1330	7	4,2	0,16	4,5	59,85	2	430
17	200	1222	6,1	3,6	0,13	3,9	47,65	1	455
4	258	1192	4,6	3,2	0,14	4,43	52,44	1	480

Tabelle 2 (Fortsetzung).

Masse in Prozenten der Wiederristhöhe

Laufende Nummer	Wiederristhöhe	Kreuzhöhe	Schwanzansatzhöhe	Rumpflänge	Länge ohne Hals	Seitliche Beckenlänge	Beckenbreite	Gesässbreite	Hüftenbreite	Gurtentiefe	Schulterlänge	Vordere Brustbreite	Kopflänge	Stirnlänge	Breite der Stirnenge
3	124	101,61	101,61	145,96	101,61	40,32	33,06	17,47	40,32	52,45	36,29	34,53	34,35	16,13	14,46
9	134	100,00	101,49	147,00	95,52	35,07	29,85	16,41	37,31	52,23	38,05	23,88	32,08	14,92	13,45
12	122	102,45	102,45	131,96	98,79	36,88	35,60	18,03	38,52	49,18	39,34	31,14	32,78	13,73	12,29
11	122	102,45	104,09	145,08	99,18	40,16	36,88	19,67	40,16	53,06	37,70	28,68	38,06	15,57	15,57
5	127	100,78	102,36	149,6	106,29	39,37	33,49	20,47	38,58	54,32	39,37	31,50	33,85	17,32	14,17
16	120	102,50	108,33	155,0	110,00	43,33	37,50	20,83	43,33	55,00	40,85	32,50	33,66	12,50	14,16
18	127	103,14	104,72	143,28	100,78	43,31	36,22	21,26	40,94	55,12	37,00	33,07	33,07	15,74	14,17
7	126	103,96	105,55	148,42	102,38	37,30	34,91	17,46	38,09	50,00	40,48	31,74	35,71	15,08	11,90
14	127	103,14	105,55	149,20	102,38	39,69	35,29	19,86	42,16	51,18	36,51	31,74	36,51	16,66	14,28
13	126	100,79	103,17	149,20	103,17	35,71	31,14	20,63	40,88	50,79	35,71	29,36	34,92	14,28	11,90
8	128	103,12	103,10	135,92	95,69	36,71	32,15	20,16	37,10	50,78	36,71	25,00	35,93	15,62	13,28
1	124	101,61	103,22	155,62	105,64	45,15	33,87	20,16	41,13	52,42	37,10	30,64	31,65	12,9	9,67
6	129	100,77	102,32	147,28	107,37	36,43	33,67	17,82	38,76	53,48	38,76	31,01	33,33	15,50	13,95
15	126	103,96	105,55	148,42	103,17	42,06	37,10	21,42	45,23	55,55	36,51	37,30	34,92	14,28	14,28
10	127	99,22	102,36	129,12	93,33	40,16	34,64	16,53	38,58	51,18	35,29	30,71	36,08	14,96	14,96
20	125	100,00	100,00	132,80	94,40	36,80	33,60	17,60	36,80	49,60	37,60	31,70	31,50	9,6	9,6
19	127	100,78	103,14	142,50	98,43	41,73	35,43	18,11	37,00	52,75	38,58	34,64	34,18	11,81	9,45
21	117	104,27	104,83	134,18	100,85	39,31	34,18	15,38	41,02	54,70	37,60	32,47	32,39	14,52	11,96
2	124	104,53	103,41	143,16	98,39	39,51	35,48	17,74	41,13	52,43	37,10	29,84	32,33	12,90	12,58
17	133	99,24	99,24	136,80	96,24	36,84	33,08	16,16	35,35	50,37	36,09	29,32	35,29	12,03	12,28
4	127	103,93	103,93	140,94	101,96	37,79	35,43	23,62	40,00	50,98	40,94	33,07	—	18,82	14,90

Herde IV, V und VI. Tabelle 3.

Leistungen

Laufende Nummer	Dauer der Gesamtmilchleistung (Tage)	Gesamtmilchleistung (kg)	Durchschnittsmilchertrag pro Melktag (kg)	Durchschnittsmilchertrag pro Futtertag (kg)	Durchnittsfettertrag pro Futtertag (kg)	Durchnittsfettertrag pro Melktag (kg)	Gesamtfettertrag pro Laktation (kg)	Zahl der Trächtigkeiten	Lebendgewicht (kg)
5	300	2636	8,7	7,2	0,36	5	131,80	5	510
3	355	3053	8,6	8,3	0,33	4	122,12	4	486
11	300	2700	9,0	7,3	0,53	4,5	121,30	3	466
9	365	2883	7,8	7,8	0,24	4,1	118,20	7	550
12	325	2825	8,6	7,7	0,30	3,9	110,17	2	389
16	270	2610	9,6	7,1	0,30	4,2	109,62	3	500
14	300	2400	8,0	6,5	0,28	4,3	103,20	3	492
8	286	2316	8,1	6,3	0,27	4,3	99,58	3	492
7	300	2402	8,0	6,5	0,26	4,1	98,48	2	485
18	240	2496	10,4	6,7	0,25	4,2	94,83	3	485
1	330	2310	7,0	6,3	0,24	3,9	90,09	2	450
10	290	1824	6,2	4,9	0,23	4,73	85,72	3	483
15	270	2100	7,7	5,7	0,23	4	84,00	6	582
13	301	2385	7,9	6,5	0,22	3,6	83,86	6	485
6	270	2218	8,2	6,0	0,22	3,75	82,06	2	530
20	320	1740	5,4	4,7	0,24	4,3	74,88	1	407
21	291	1531	5,2	4,2	0,17	4,2	64,30	2	382
2	190	1330	7,0	3,6	0,16	4,5	59,85	1	430
4	258	1192	4,6	3,2	0,14	4,43	52,44	1	480
19	312	1538	4,9	4,2	0,13	4,5	49,21	2	546
17	200	1222	6,9	3,3	0,13	3,9	47,65	2	455

Tabelle 3 (Fortsetzung).

Masse in Prozenten der Wiederristhöhe

Laufende Nummer	Wiederristhöhe	Kreuzhöhe	Schwanzansatzhöhe	Rumpflänge	Länge ohne Hals	Seitliche Beckenlänge	Beckenbreite	Gesässbreite	Hüftenbreite	Gurtentiefe	Schulterlänge	Vordere Brustbreite	Kopflänge	Stirnlänge	Breite der Stirnenge
5	127	100,78	102,36	149,6	106,29	39,37	33,49	20,47	38,58	54,32	39,37	31,50	33,85	17,32	14,17
3	124	101,61	101,61	145,96	101,61	40,32	33,06	17,74	40,32	52,42	36,29	33,87	34,53	16,13	14,46
11	122	102,45	104,09	145,08	99,18	40,16	36,88	19,67	40,16	53,06	37,70	28,68	38,06	15,57	15,57
9	134	100,00	101,49	147,00	95,52	35,07	29,85	16,41	37,31	52,23	38,05	23,88	32,08	14,42	13,43
12	122	102,45	102,45	131,96	89,79	36,88	33,60	18,03	38,52	49,18	39,34	31,14	32,78	13,93	12,29
16	120	102,50	108,33	155,0	110,00	43,33	33,50	20,83	43,33	55,00	40,83	32,50	32,66	12,50	14,16
14	127	103,14	105,55	149,20	102,38	39,69	35,29	19,86	42,06	50,78	36,51	32,74	36,51	16,66	14,28
8	128	103,12	103,10	135,92	95,69	36,71	32,15	16,40	37,10	50,00	36,71	25,00	35,93	15,62	13,28
7	126	103,96	105,55	148,42	102,38	37,30	34,92	17,46	38,09	55,12	40,48	31,74	25,71	15,08	11,90
18	127	103,14	104,72	143,28	100,78	43,31	36,22	21,26	40,49	32,42	37,80	33,07	33,07	15,74	14,17
1	124	101,61	103,22	135,62	105,64	45,15	33,87	20,16	41,13	51,18	37,10	30,64	31,65	12,9	9,67
10	127	99,22	102,36	129,12	93,33	40,16	34,64	16,53	35,29	55,55	35,29	30,71	36,08	14,96	14,96
15	126	103,06	105,55	148,42	103,17	42,06	37,10	21,42	45,23	50,79	36,51	37,30	34,92	14,28	14,28
13	126	100,79	103,17	149,20	103,17	35,71	31,74	20,63	41,48	53,48	35,71	29,36	34,92	14,28	11,90
6	129	100,77	102,32	147,28	107,37	36,43	33,67	17,82	38,76	49,60	38,76	31,01	33,33	15,50	13,95
20	125	100,00	100,00	132,80	94,40	36,80	33,60	17,60	36,80	54,70	37,60	37,70	29,60	9,6	9,6
21	117	104,27	103,41	134,18	100,85	39,31	34,18	15,38	41,02	52,43	37,60	32,47	34,18	14,52	11,96
2	124	104,53	104,83	143,16	98,39	39,51	35,48	17,74	41,13	51,98	37,10	29,84	32,93	12,90	12,58
4	127	103,93	103,93	140,94	101,96	37,79	35,43	23,62	40,00	52,75	40,94	33,07	35,29	18,82	14,90
19	127	100,78	103,14	142,50	98,43	41,73	35,43	18,11	37,00	50,37	38,58	34,64	31,50	11,81	9,45
17	133	99,24	99,24	136,80	96,24	36,84	33,08	16,16	35,35		36,09	29,32	32,33	12,03	14,28

Herde VII. Tabelle 1.

Leistungen / Körpermasse

Laufende No.	Dauer der Gesamtmilchleistung Tage	Gesamtmilchleistung kg	Durchschnittsmilchergebnis pro Melktag kg	pro Futtertag kg	Zahl der Trächtigkeiten	Lebendgewicht kg	Wiederristhöhe	Kreuzhöhe	Höhe des Schwanzansatzes	Rumpflänge	Länge ohne Hals	Seitliche Länge des Beckens	Beckenbreite	Hüftenbreite	Gesässbreite	Vordere Brustbreite
1	270	1458	5,4	3,9	5	600	133	135	135	176	126	56	48	54	29	37
2	300	1500	5	4,1	6	560	124	130	134	180	128	48	42	52	25	37
3	270	1431	5,3	3,9	4	600	132	131	130	180	129	45	47	53	26	40
4	330	2152	6,44	6,2	6	625	134	136	140	180	130	49	49	50	30	48
5	300	2112	7,04	6,1	2	585	138	139	140	182	125	49	45	51	29	39
6	270	1722,6	5,68	4,7	3	560	132	140	131	183	126	50	49	54	24	37
7	300	1560	5,2	4,2	6	675	131	128	128	189	126	50	48	55	25	45
8	245	3189,9	13,02	4,7	7	640	130	132	132	182	127	53	45	55	28	46
9	330	2003,1	6,07	5,7	3	550	125	105	130	187	127	53	47	52,5	23	42
10	330	2128,5	6,45	5,4	5	585·	139	136	135	189	126	50	48	53	24	40
11	240	2620,5	10,92	6,1	3	585·	135	135	136	190	138	52	45	54	27	38
12	300	2295,0	7,65	6,6	6	440	123	125	125	178	122	57		54	25	33

Masse / Masse in Prozenten der Wiederristhöhe

Laufende No.	Gurtentiefe	Länge der Schulter	Kopflänge	Stirnlänge	Breite der Stirnenge	Wiederristhöhe	Kreuzhöhe	Höhe des Schwanzansatzes	Rumpflänge	Länge ohne Hals	Seitliche Länge des Beckens	Beckenbreite	Hüftenbreite	Gesässbreite	Vordere Brustbreite	Gurtentiefe	Länge der Schulter	Kopflänge	Stirnlänge	Breite der Stirnenge
12	64	46	44	18	17	123	101,63	101,63	144,70	99,20	41,46	36,58	40,65	20,32	26,82	52,03	37,40	35,77	14,63	13,02
11	70	50	47	21	18	135	100,74	100,74	140,00	102,22	38,51	35,55	40,00	20,00	28,14	51,85	37,03	34,81	15,55	12,95
10	70	49	42	21	18	139	100,74	100,74	136,68	94,96	35,97	33,81	38,12	17,26	28,78	50,36	35,25	30,21	16,00	13,60
9	65	48	42	20	17	125	100,76	100,00	140,00	101,60	40,00	37,6	42,00	18,40	33,60	52,00	38,40	33,60	12,3	13,07
8	66	44	44	16	17	130	98,46	98,46	143,72	97,68	36,64	37,69	42,30	19,23	35,38	54,19	38,16	32,05	13,74	12,98
7	71	50	42	17	15	131	100,00	100,76	135,62	96,18	40,45	36,64	41,98	21,37	34,35	54,75	35,61	34,09	12,87	11,36
6	67	47	45	17	19	132	100,00	99,24	143,72	91,69	37,68	35,50	37,68	18,18	28,23	50,75	37,68	31,15	13,77	13,77
5	72	52	43	19	19	138	100,72	100,00	131,88	93,48	36,23	35,50	36,95	18,18	28,30	50,77	38,80	35,07	14,92	14,92
4	71	52	47	19	20	134	100,72	101,44	134,32	97,01	37,31	36,56	40,29	22,38	35,82	52,98	37,12	31,15	13,63	12,87
3	70	49	44	18	17	132	104,83	98,48	136,36	97,72	37,87	34,09	40,15	18,93	30,30	53,03	37,12	33,35	13,71	13,71
2	68	52	40	17	17	124	104,83	107,02	145,16	103,22	38,70	33,87	41,93	20,16	29,84	54,83	41,93	32,25	12,78	12,03
1	68	48	59	17	16	133	101,50	101,50	132,32	94,73	42,10	36,09	40,60	21,80	27,81	51,50	36,09	44,36		13,02

Leistungen

Laufende No.	Dauer der Gesamtmilchleistung Tage	Gesamtmilchleistung kg	Durchschnittsmilchertrag pro Melktag kg	Durchschnittsmilchertrag pro Futtertag kg	Zahl der Trächtigkeiten	Lebendgewicht kg
8	245	3189	13,02	8,7	7	640
11	240	2620,8	10,92	7,1	3	600
12	300	2295	7,15	1,6	6	440
4	330	2152	6,44	6,2	6	625
10	330	2128	6,45	6,1	5	585
5	300	2112	7,04	6,1	2	585
9	330	2003	6,07	5,4	3	585
6	270	1723	5,68	4,7	3	560
7	300	1560	5,2	4,2	6	560
2	300	1500	5	4,1		675
1	270	1458	5,4	3,9	5	650
3	270	1431	5,3	3,9	4	600

Masse in Prozenten der Wiederisthöhe

Laufende No.	Wiederristhöhe	Kreuzhöhe	Schwanzansatzhöhe	Rumpflänge	Länge ohne Hals	Seitliche Beckenlänge	Beckenbreite	Gesässbreite	Hüftenbreite	Gurtentiefe	Schulterlänge	Vordere Brustbreite	Kopflänge	Stirnlänge	Breite der Stirnenge
8	130	98,46	98,46	140,00	97,69	40,76	37,69	19,23	42,30	50,76	33,84	35,38	33,84	12,3	13,07
11	135	100,74	100,74	140,00	102,22	38,51	35,55	20,00	40,00	51,85	37,03	28,14	34,81	15,55	13,33
12	123	101,63	101,63	144,70	99,20	41,66	35,58	20,32	40,55	52,03	37,40	26,82	35,77	14,63	13,82
4	134	101,49	104,47	134,32	97,01	37,31	36,56	22,38	40,29	52,98	38,80	35,82	35,07	14,92	14,92
10	139	93,52	97,12	136,68	94,96	35,77	33,81	17,26	38,12	50,36	35,25	28,78	30,21	15,10	12,95
5	138	100,72	101,44	131,88	103,44	36,28	35,50	21,01	36,95	52,17	37,68	28,26	31,15	13,77	13,77
9	125	100,00	104,00	149,60	101,60	40,00	37,6	18,4	42,00	52,00	38,40	33,60	33,60	16,00	13,60
6	132	100,00	99,24	138,62	94,69	37,87	34,09	18,18	37,87	50,75	35,61	28,03	34,09	12,87	11,36
7	131	100,00	100,76	143,72	96,18	40,45	36,64	21,37	41,98	54,19	38,16	34,35	32,05	13,74	12,98
2	124	104,85	108,07	145,16	103,22	38,70	33,87	20,16	41,93	54,83	41,93	29,84	32,25	13,71	13,71
1	123	101,50	101,50	132,32	94,73	42,10	36,09	21,80	40,60	51,50	36,09	27,81	44,36	12,78	12,03
3	132	99,24	98,48	136,36	97,22	37,87	34,09	18,93	40,15	53,03	37,12	30,30	33,35	13,63	12,87

Leistungen / Körpermasse

Laufende No.	Dauer der Gesamtmilchleistung Tage	Gesamtmilchleistung kg	Durchschnittsmilchergebnis pro Melktag kg	Durchschnittsmilchergebnis pro Futtertag kg	Zahl der Trächtigkeiten	Lebendgewicht kg	Wiederristhöhe	Kreuzhöhe	Schwanzansatzhöhe	Rumpflänge	Länge ohne Hals	Seitliche Länge des Beckens	Beckenbreite	Gesässbreite	Hüftenbreite	Gurtentiefe
1	300	2250	7,50	6,6	6	600	135	135	132	196	158	54	50	22	56	67
2	330	3465	10,5	9,49	2	500	135	134	132	196	150	45	46	26	70	70
3	270	3321	12,3	9,09	5	550	134	130	131	175	150	45	46	20	47	69
4	365	2847	7,8	7,8	1	535	125	126	126	172	148	50	48	22	49	68
5	315	5103	16,2	13,9	2	525	128	133	125	196	156	48	46	22	50	65
6	210	1640	7,8	4,4	2	525	127	131	129	191	152	45	46	24	49	68
7	240	3168	13,2	8,6	4	525	129	132	126	186	154	46	46	22	48	66
8	255	3340	13,1	9,1	3	525	130	131	130	183	152	46	48	22	48	66
9	300	3598	11,9	9,8	2	550	132	135	131	196	148	46	48	20	50	68
10	330	3206	9,7	8,7	4	500	125	127	126	192	152	47	46	23	47	68

Masse / Masse in Prozenten der Wiederristhöhe

Laufende No.	Schulterlänge	Vordere Brustbreite	Kopflänge	Stirnlänge	Breite der Stirnenge	Wiederristhöhe	Kreuzhöhe	Schwanzansatzhöhe	Rumpflänge	Länge ohne Hals	Seitliche Beckenlänge	Beckenbreite	Gesässbreite	Hüftenbreite	Gurtentiefe	Schulterlänge	Vordere Brustbreite	Kopflänge	Stirnlänge	Breite der Stirnenge
10	50	40	38	12	10	125	100,80	100,80	156,80	121,60	37,60	36,80	18,40	37,60	54,40	40,00	32,00	30,40	9,6	8
9	52	40	47	20	18	132	102,27	100,75	148,48	121,21	39,39	37,87	19,69	42,42	53,03	39,39	30,30	35,61	15,15	13,63
8	48	43	41	18	14	130	100,76	100,00	150,76	113,84	35,38	35,38	23,07	36,92	52,68	36,92	33,07	31,78	13,84	10,76
7	47	53	41	14	16	129	100,78	101,55	144,18	119,37	35,67	35,67	17,82	37,79	51,16	38,76	32,43	31,17	10,85	10,85
6	47	40	44	16	16	127	103,14	101,78	150,40	119,68	37,49	36,22	17,32	39,06	51,96	37,20	31,50	34,64	12,59	12,5
5	48	40	38	18	19	128	103,90	98,43	142,96	117,18	37,49	35,93	17,18	39,20	50,78	36,57	31,24	29,68	14,06	15,20
4	50	42	46	20	16	125	97,01	94,52	128,34	110,44	37,31	38,40	17,60	36,56	54,40	38,40	33,60	36,80	16,00	8,20
3	50	45	44	15	17	134	99,25	97,77	129,62	111,11	33,33	35,82	17,91	37,33	51,49	37,33	33,58	32,83	14,92	12,59
2	45	40	42	18	11	135	97,77	97,77	142,22	117,13	37,03	34,07	19,25	34,81	51,85	33,33	29,62	31,11	11,11	8,20
1	54	47	44	20	15	135	100,00	100,00	117,13	117,13	40,00	37,03	16,29	41,48	49,62	40,00	34,81	32,59	14,81	11,11

Herde IX. Tabelle 1.

Herde IX ist, der besseren Uebersicht wegen, in Tabelle 2 mit Herde VIII kombiniert.

Tabelle 1 — Leistungen und Körpermasse

Laufende No.	Dauer der Gesamtmilchleistung (Tage)	Gesamtmilchleistung (kg)	Durchschnittsmilchergebnis pro Melktag (kg)	pro Futtertag (kg)	Zahl der Trächtigkeiten	Lebendgewicht (kg)	Widerristhöhe	Kreuzhöhe	Schwanzansatzhöhe	Rumpflänge	Länge ohne Hals	Seitliche Beckenlänge	Beckenbreite	Gesässbreite	Hüftenbreite	Gurtentiefe
1	306	3213,0	10,5	8,8	5	550	132	133	140	206	138	53	47	35	52	73
2	273	3139	11,5	8,6	3	450	118	119	117	191	128	51	46	33	51	71
3	246	3321	10,3	9,09	4	550	131	132	127	210	158	51	50	30	54	72
4	250	2535	10,1	6,9	3	500	138	139	138	199	136	49	50	32	53	75
5	274	3356	12,2	9,1	5	500	129	129	127	195	132	50	48	30	50	69
6	228	2223	9,2	6,0	4	475	125	127	127	190	134	58	48	29	49	66
7	306	3496	11,5	9,7	6	550	127	127	127	192	139	49	47	32	50	73
8	350	3975	10,5	10,0	5	525	128	130	127	193	130	49	47	28	52	71
9	152	1254	8,2	3,4	4	460	125	135	129	194	134	40	46	28	54	74
10	329	3536	10,7	9,7	5	540	130	131	128	186	123	50	47	25	50	73

Masse und Masse in Prozenten der Wiederristhöhe

Laufende No.	Schulterlänge	Vordere Brustbreite	Kopflänge	Stirnlänge	Breite der Stirnenge	Wiederristhöhe	Kreuzhöhe	Schwanzansatzhöhe	Rumpflänge	Länge ohne Hals	Seitliche Beckenlänge	Beckenbreite	Gesässbreite	Hüftenbreite	Gurtentiefe	Schulterlänge	Vordere Brustbreitu	Kopflänge	Stirnlänge	Breite der Stirnenge
1	54	35	40	17	16	132	100,75	106,06	156,6	104,54	40,15	35,61	26,51	39,39	55,30	40,90	26,51	30,30	12,87	12,12
2	48	30	40	18	18	118	100,84	99,15	161,86	105,47	43,22	38,98	27,96	43,22	60,16	40,67	25,42	33,89	15,25	15,25
3	54	34	44	19	15	131	109,76	96,94	160,30	120,61	38,93	38,16	22,90	41,22	54,96	38,16	25,95	33,58	14,50	13,74
4	48	40	46	21	20	138	100,72	100,00	144,2	98,54	35,50	36,23	23,19	38,40	54,34	39,13	28,98	33,33	15,21	14,29
5	47	34	41	19	19	129	100,00	98,45	142,14	102,32	38,76	37,20	23,25	38,76	53,48	37,20	26,35	31,78	14,75	14,73
6	50	32	44	20	19	125	101,60	101,60	152,00	107,20	41,60	38,40	23,20	39,20	52,80	37,60	25,00	35,20	16,00	15,20
7	50	35	45	17	17	127	100,00	98,43	150,78	109,44	37,19	37,00	25,20	39,37	57,48	39,37	27,56	35,43	13,28	13,28
8	51	34	42	19	18	128	101,56	99,22	151,18	101,56	38,28	36,71	21,87	40,62	55,46	39,06	26,56	32,81	14,84	14,06
9	51	32	41	19	18	135	100,00	95,55	143,70	99,25	36,29	34,07	20,74	40,00	54,81	37,77	23,70	30,37	13,53	14,07
10	51	36	45	18	19	130	100,76	98,46	143,06	94,61	38,46	36,15	19,23	38,46	56,15	39,23	27,69	3,61	13,84	14,61

Herde VIII und IX. Tabelle 2.

Laufende Nummer	Dauer der Gesamt-milchleistung Tage	Gesamt-milchleistung kg	Leistungen Durchschnittsmilchertrag pro Melktag kg	pro Futtertag kg	Zahl der Trächtigkeiten	Lebend-gewicht
5	315	5103	16,2	13,9	2	525
18	350	3675	10,5	10,0	5	525
9	300	3598	11,9	9,8	2	550
20	329	3536	10,7	9,7	5	540
17	306	3496	11,5	9,7	6	550
2	330	3465	10,5	9,49	2	500
15	274	3356	12,2	9,1	5	500
8	255	3340	13,1	9,1	3	525
3	270	3321	12,3	9,09	5	550
13	246	3321	10,3	9,09	4	550
11	306	3213	10,5	8,8	5	550
10	330	3206	9,7	8,7	4	500
7	240	3168	13,2	8,6	4	550
12	273	3139	11,5	8,6	3	450
4	365	2847	7,8	7,8	1	530
14	250	2535	10,1	6,9	3	500
1	300	2250	6,6	6,0	6	600
16	228	2223	9,2	6,0	4	475
6	210	1640	7,8	4,4	2	525
19	152	1254	8,2	3,4	4	460

Tabelle 2 (Fortsetzung).

Masse in Prozenten der Wiederristhöhe

Laufende Nummer	Wiederristhöhe	Kreuzhöhe	Schwanzansatzhöhe	Rumpflänge	Länge ohne Hals	Seitliche Beckenlänge	Beckenbreite	Gesässbreite	Hüftenbreite	Gurtentiefe	Schulterlänge	Vordere Brustbreite	Kopflänge	Stirnlänge	Breite der Stirnenge
5	128	103,90	98,43	142,96	117,18	37,49	35,93	17,18	39,06	50,78	36,57	31,24	28,68	14,06	12,5
18	128	101,56	99,22	150,78	101,58	38,28	36,71	21,87	40,62	55,42	39,06	26,56	32,81	14,84	14,06
9	132	102,25	100,75	148,48	121,21	39,39	37,87	19,69	42,42	53,03	39,39	31,30	35,61	15,15	13,63
20	130	100,76	98,46	143,06	94,61	38,46	36,15	19,23	38,46	56,15	39,23	27,69	34,61	13,84	14,61
17	127	100,06	98,43	151,18	109,44	37,79	37,00	25,20	39,37	57,48	39,37	27,56	35,43	13,28	13,28
2	135	99,25	97,77	129,62	111,11	33,33	34,07	19,25	34,81	51,85	33,33	29,62	31,11	11,11	12,59
15	129	100,00	98,45	142,14	102,32	38,76	37,20	23,25	38,76	53,48	37,20	26,35	31,78	14,73	14,73
8	130	100,76	100,00	150,76	113,84	35,38	35,38	23,07	36,92	52,68	36,92	33,07	31,35	13,84	10,76
3	134	97,01	94,02	128,03	110,44	37,31	35,82	17,91	36,56	51,49	37,31	33,58	32,85	14,82	8,20
13	131	100,76	96,94	160,30	120,60	38,93	38,16	22,90	41,22	54,96	38,16	25,95	32,58	14,50	13,74
11	132	100,75	106,06	156,6	104,54	40,15	35,61	26,51	39,39	55,30	40,90	26,51	30,30	12,87	12,12
10	125	100,60	100,80	156,80	121,60	37,60	36,80	18,40	37,60	54,40	40,00	32,00	30,40	9,6	8
7	129	102,32	101,85	144,18	119,37	35,67	35,67	17,82	37,20	51,16	38,76	32,43	31,48	10,85	13,95
12	118	100,84	99,15	161,86	108,47	43,22	38,98	27,96	43,22	60,16	40,67	25,42	33,89	15,25	15,25
4	125	100,80	100,00	156,80	124,80	39,20	38,40	17,60	39,20	54,50	38,40	33,60	36,80	16,0	15,20
14	138	100,72	100,00	144,20	98,45	35,50	36,23	23,19	38,40	54,34	39,13	28,98	33,33	15,21	14,29
1	135	100,00	97,77	142,22	107,03	40,00	37,03	16,29	41,45	49,62	40,00	34,81	32,95	14,81	11,11
16	125	101,60	101,60	152,00	107,20	41,60	38,40	23,20	39,20	52,80	37,60	25,00	35,20	16,00	15,20
6	127	103,14	100,78	150,40	119,65	35,43	36,22	17,32	37,79	51,96	37,00	31,50	34,64	12,59	12,59
19	135	100,00	95,55	143,70	99,25	36,29	34,07	20,74	40,00	54,81	37,77	23,70	30,37	13,33	14,07

Bei Ausführung vorliegender Arbeit sind Tiere verschiedener Rassen untersucht worden, und zwar wurden 3 Simmenthaler Herden, 3 Vogelsberger Herden, 1 Glan Donnersberger Herde und 2 Holländer Herden benutzt.

Die Herde I ist die mehrfach prämierte Simmenthaler Herde des Königlichen Instituts zu Hohenheim in Württemberg.

Das Zuchtziel dieser Herde ist ein gutes Milchtier von ausreichender Zug- und Gewichtsleistung.

Die Herde besteht aus teils selbstgezüchteten, teils, zwecks Blutauffrischung, von Zeit zu Zeit importierten Tieren. Von den gemessenen Tieren sind No. 14 bis 20 importierte Tiere. Die Tiere werden bei Trockenfütterung, im Sommer verbunden mit Weidegang, gehalten.

Die Probemelkungen erfolgen regelmässig zweimal monatlich, ebenso die Fettbestimmungen und Wägungen.

Auch Herde II ist eine mehrfach prämierte Simmenthaler Herde und zwar im Besitze der Herren A. und O. Dettmeiler zu Wintersheim in Rheinhessen. Die zum Teil aus selbstgezüchteten, zum Teil aus importierten Tieren bestehende Herde ist vorwiegend auf hohe Milchergiebigkeit gezüchtet.

Die Fütterung ist Trockenfütterung; Probemelkungen und Wägungen finden zweimal monatlich statt. Milchfettbestimmungen werden bei den Probemelkungen nicht vorgenommen.

Herde III ist die mehrfach prämierte oberbadische Simmenthaler Herde der Fürstlich Fürstenberg'schen Herrschaft Donaueschingen.

Die Herde besteht grösstenteils aus selbstgezüchteten badischen Simmenthalern und wird nach der in Oberbaden einheimischen Zuchtrichtung, also nach dem Grundsatze, gute Milch- Zug- und Mastleistung zu erzielen, gezüchtet. Die Fütterung ist Trockenfütterung, im Sommer verbunden mit Weidegang.

Probemelkungen werden auch hier zweimal monatlich vorgenommen; Untersuchungen der Milch auf ihren Fettgehalt finden nicht statt.

Die Herden IV, V und VI sind mehrfach prämierte Vogelsberger Herden im Besitze der Herren Zuchthofbesitzer Fischer, Kunkel und Zimmer zu Zwiefalten, Eschenrodt und Bingmühle. Diese Tiere werden übereinstimmend trocken gefüttert und im Sommer mit Zulagefutter auf der Weide gehalten.

Das Zuchtziel dieser Herden ist, ein den örtlichen und klimatischen Verhältnissen der dortigen Gegend vollkommen angepasstes, in Milch-, Zug- und Gewichtsleistung befriedigendes Tier zu erzielen.

Die Tiere sind grösstenteils eigene Züchtungen der Besitzer; Probemelkungen, Milchfettbestimmungen und Wägungen finden zweimal monatlich statt.

Auch Herde No. VII enthält die Tiere einer Landrasse, nämlich die Tiere der Glan Donnersberger Rasse. Die Herde ist im Besitze des Herrn L. Schickert auf Schniftenberger Hof in Rheinhessen.

Diese Herde ist eigene Züchtung ihres Besitzers und wird bei Trockenfutter, im Sommer verbunden mit Weidegang, gehalten.

Probemelkungen und Wägungen werden zweimal monatlich vorgenommen. Milchfettbestimmungen finden nicht statt.

Die rotbunte Holländer Herde No. VIII ist im Besitze ihres Züchters, des Herrn Beckensträtter auf Domäne Wohlbedacht in Westfalen. Die Herde ist mehrfach prämiert und wird bei Trockenfütterung, im Sommer verbunden mit Weidegang, gehalten.

Probemelkungen finden zweimal monatlich statt.

Fettbestimmungen werden nicht vorgenommen.

Herde No. IX ist ebenfalls eine Holländer Herde, die jedoch nur zwecks Milchnutzung gehalten wird. Sie ist im Besitze des Herrn Kammergutspächters Kahmann auf Kammergut Dornburg in Sachsen-Weimar.

Die Tiere dieser Herde werden bei Trockenfütterung gehalten; Probemelkungen und Wägungen werden regelmässig zweimal monatlich vorgenommen.

Die Untersuchung der einzelnen Herden daraufhin, ob bei ähnlichen Milch- und Butterfettleistungen auch ähnliche Massverhältnisse zu beobachten seien, schlug vollständig fehl, da eine, auch nur teilweise Uebereinstimmung der Massverhältnisse bei Tieren ähnlicher Leistung, wie aus den Tab. 2 und 3 jeder Herde zu ersehen ist, nicht vorhanden war.

Es hatten z. B. Herde I No. 6 und 16 fast vollkommen gleiche Milchleistung, No. 6 = 3997 kg; No. 16 = 3988 kg; doch zeigen ihre Massverhältnisse keine nennenswerte Uebereinstimmung.

Dieselbe Erscheinung tritt uns in den Herden II und III bei No. 5 und 11, resp. No. 11 und 12 entgegen. Auch diese Tiere liefern fast die gleiche Milchmenge, No. 5 = 3494 kg, No. 11 = 3494 kg, No. 12 = 3490 kg, und besitzen nur in der Beckenbreite und Gurtentiefe etwa übereinstimmende Körpermassverhältnisse. No. 5 Beckenbreite = 36,76; No. 11 = 36,03; No. 12 = 36,87; Gurtentiefe No. 5 = 52,20; No. 11 = 52,20; No. 12 = 52,48.

Umgekehrt sind die Körpermassverhältnisse von No. 10 und No. 4 der Herde IX im Bezug auf den Verlauf der Rückenlinie und die Gurtentiefe ziemlich ähnlich, während ihr Milchertrag, der bei No. 11 = 3206 kg beträgt und bei No. 4 = 2847 kg ist, stark differiert.

Selbst bei nahe verwandten Tieren missglückte ein solcher Versuch vollkommen, da, trotzdem in Herde IV Kuh No. 5 die Stammmutter von No. 7 und 8 ist, und No. 3 die Stammmutter von No. 2 und 1 ist und in Herde VI Kuh No. 15 die Stammmutter von No. 16 und 17 ist, eine besondere Uebereinstimmung der Massverhältnisse bei den verwandten Tieren nicht zu konstatieren war, trotzdem No. 5 einen Milchertrag von 2636 kg und No. 8 = 2316 kg, pro Jahr lieferte, sodass also die Milcherträge dieser zwei verwandten Tiere verhältnismässig ähnliche waren.

Es ist demnach nichtmöglich, bei Tieren ähnlicher Milchleistungen ähnliche Massverhältnisse nachzuweisen oder umgekehrt aus ähnlichen Massverhältnissen auf ähnliche Leistungen zu schliessen.

Bei der Untersuchung der in den direkten Körpermassen zum Ausdruck kommenden Grösse der Tiere findet man die alte Regel der Praxis, dass es meist nicht die grössten Tiere sind, die den höchsten Milchertrag liefern, bestätigt.

Es lässt sich in Tabelle I der Herde I feststellen, dass das Tier des höchsten Milchertrages, No. 16, in Bezug auf seine Grössenmasse zwischen dem grössten und kleinsten Tiere dieser Herde in der Mitte steht.

Volkommen bestätigt wird dies, aus Tab. I der Herde I gewonnene Resultat, in Tab. I der Herden II, III, IV, VI, VII

VIII und IX, in denen ebenfalls die Tiere des höchsten Milchertrages nicht die grössten Tiere sind, sondern in ihren Massen
etwa zwischen dem grössten und dem kleinsten Tiere der betreffenden Herde in der Mitte stehen.

Nur in Herde V ist das Tier No. 1 zugleich das milcher-
giebigste.

Aus obigen Resultaten geht hervor, dass mit ziemlich grosser
Sicherheit eine mittlere Körpergrösse für die besten Milchtiere als
typisch angenommen werden kann. — Es bestätigt sich somit, wie
schon bemerkt, die alte Regel der Praxis, die von der guten Milchkuh ein nicht zu schweres, nicht zu grobknochiges Skelett und
mittlere Körpergrösse verlangt.

Betreffs des Lebendgewichts der besten Milchtiere lässt sich
nur bei den Herden III, IV und VI eine gewisse Regelmässigkeit
erkennen. Es liegt bei diesen Herden das Lebendgewicht der besten
Milchkuh ziemlich regelmässig zwischen dem der grössten und dem
der kleinsten Kuh, in der Mitte. — In den übrigen Herden dagegen ist eine solche Erscheinung nicht zu konstatieren.

Eine bestimmte Regel für die Höhe des Lebendgewichts der
besten Milchtiere lässt sich also aus diesen Ergebnissen wohl
kaum ableiten.

Bevor wir nun zu weiteren Untersuchungen übergehen, muss
hier auf eine Schwäche vorliegender Arbeit aufmerksam gemacht
werden.

Diese liegt darin, dass von jeder der untersuchten Rassen
verhältnismässig wenige Tiere zu der Untersuchung herangezogen
wurden.

Der Grund hierfür ist zunächst darin zu suchen, dass die
Durchführung der Arbeit bei Beginn derselben in einer Art und
Weise geplant war, die sich später in praxi als unausführbar er-
wies und aufgegeben werden musste.

Zweitens aber war es verhältnismässig schwer, die nötige
Zahl einwandfreier, den gestellten Anforderungen entsprechender
Resultate zu gewinnen.

Zu untersuchen wäre nun noch, ob nicht bei Gruppen von
Tieren ähnlicher Leistungen gewisse durchschnittlich vorhandene,
durch Masse feststellbare Eigenschaften des Exterieurs nachzuweisen
wären, Eigenschaften, die für die betreffenden Leistungsgruppen

typisch und bei Gruppen mit anderer Leistung in gleicher Weise
nicht zu finden wären.

Oder umgekehrt, ob nicht bei Tieren, für die gewisse ähnliche Körpermassverhältnisse konstatiert werden können, ein durch-
schnittlicher Milchertrag festzustellen ist, der sich von den Milchertrag anderer Tiere, die von obigen abweichende Massverhältnisse
zeigen, bedeutend unterscheidet.

Die Endresultate dieser Untersuchungen werden dann mit den
jeweilig entsprechenden Resultaten Stegmanns und Bogdannows verglichen werden.

Ein vollständiger Vergleich aller Resultate vorliegender Arbeit mit denen der Stegmannschen Arbeit ist schon deshalb ausge-
schlossen, weil Stegmann, sich an Krämer anlehnend, bei Ermittelung
seiner Verhältniszahlen die Rumpflänge als Grundmass annimmt,
während in vorliegender Arbeit, gemäss der Lydtin'schen Anschauung,
die Widerristhöhe als Grundmass angenommen wurde. Sodann aber
untersucht Stegmann eine Viehrasse, die in vorliegender Arbeit
nicht untersucht wurde.

Auch E. Bogdannow nimmt bei seinen Massen die Rumpflänge als Grundmass an.

Untersuchen wir nun zunächst die Vorhand.

Tabellen I.
Simmenthaler.

	Kl. I.	Kl. II.	Kl. III.
Durchschnittlicher Milchertrag. . . .	5069,5 kg	3173,5 kg	1670,5 kg
Schulterlänge	38,762	38,21	38,2

Vogelsberger.

	Kl. I.	Kl. II.	Kl. III.
Durchschnittlicher Milchertrag	2857,5 kg	2357 kg	1694 kg
Schulterlänge	38,196	37,467	37,463

Glan Donnersberger.

	Kl. I.	Kl. II.	Kl. III.
Durchschnittlicher Milchertrag	2596 kg	1577 kg	—
Schulterlänge	37,57	36,87	—

Holländer.

	Kl. I.	Kl. II.	Kl. III.
Durchschnittlicher Milchertrag	4284 kg	3281 kg	2211 kg
Schulterlänge	39,32	38,41	38,66

Kontrolltabellen I.
Simmenthaler.

Schulterlänge %₀	Zahl der Tiere	Milchertrag kg
35—37	10	3041,2
37—39	10	2885,1
39—42	17	3406,8

Vogelsberger.

Schulterlänge %	Zahl der Tiere	Milchertrag kg
33—37	7	2158,7
37—39	9	2012,8
39—41	5	2333,3

Glan Donnersberger.

Schulterlänge %	Zahl der Tiere	Milchertrag kg
(unter 35	1	1189)*
35—37	3	1736,5
37—39	7	2024,7
(über 39	1	1500)*

Holländer.

Schulterlänge %	Zahl der Tiere	Milchertrag kg
(unter 36	1	3465)*
36—38	7	2891
38—41	12	3166,8

Die Länge der Vorhand ist in vorliegender Arbeit nicht ermittelt, dagegen ist die Länge des Schulterblattes festgestellt worden, da diese zur Länge der Vorhand in engster Beziehung steht.

---

* Die eingeklammerten Zahlen wurden wegen der geringen Anzahl der Tiere bei Feststellung des Resultats nicht berücksichtigt.

Aus den Tabellen I aller Rassen ist ersichtlich, dass die Tiere des höchsten Milchertrages stets auch das grösste Durchschnittsmass der Schulterlänge besitzen.

Es ist dies eine Erscheinung die auch durch die Kontrolltabellen I insofern bestätigt wird, als auch hier der Milchertrag mit zunehmender Schulterlänge wächst.

Wir müssen nach diesem Ergebnisse wohl annehmen, dass die milchergiebigsten Tiere die grösste Schulterlänge besitzen, oder was dasselbe heisst, dass der Milchertrag mit steigender Schulterlänge wachse.

Stegmann, der bei seinen Untersuchungen die Länge der Vorhand ermittelt hat, kommt zu dem Schlusse, dass stets die milchmilchergiebigsten Tiere auch die längste Vorhand haben, und bemerkt hierzu, eine kürzere oder längere Schulter wird durch ein schmaleres oder breiteres Schulterblatt, respektive durch steilere oder schrägere Stellung desselben bewirkt. Trotzdem unter den Milchrassen sehr oft Tiere mit steilgestellter Schulter und daher kurzer Vorhand sich finden, so dürfte man doch nicht berechtigt sein, dieses für ein Erfordernis des Exterieurs der guten Milchkuh zu halten. — Seine Tabelle beweise wenigstens, dass die besseren Milchkühe die längere Vorhand, also das breitere und schräger gestellte Schulterblatt hätten.

Nach dem Ergebnis vorliegender Arbeit glaube ich, dem Ergebnis Stegmanns noch das Wort länger zufügen zu dürfen, sodass man wohl behaupten kann, dass die besseren Milchkühe das breitere, längere und schräger gestellte Schulterblatt besitzen.

E: Bogdannow fand für seine 3 Leistungsklassen keine nennenswerten Unterschiede im Bezug auf die Länge der Vorhand. Er konstatierte Klasse I 21,13; Klasse II 21,07; Klasse III 21,12.

Untersuchen wir nun die Hinterhand, d. h. den Körperteil, der von der die beiden Hüftknochen verbindenden Geraden bis zu der die Gesässhöcker verbindenden Geraden reicht. Es entspricht demnach die Länge der Hinterhand dem in vorliegender Arbeit als Beckenlänge bezeichneten Masse.

Tabellen II.
Simmenthaler.

	Kl. I.	Kl. II.	Kl. III.
Beckenlänge[1]	36,520	37,37	36,50

Vogelsberger.

	Kl. I.	Kl. II.	Kl. III.
Beckenlänge	37,978	39,185	39,275

Glan Donnersberger.

	Kl. I.	Kl. II.	Kl. III.
Beckenlänge	39,39	38,33	—

Holländer.

	Kl. I.	Kl. II.	Kl. III.
Beckenlänge	37,45	38,02	43,06

Das Ergebnis der Tabellen II ist bei den verschiedenen Rassen sehr verschieden. Zunächst besitzen bei den Simmenthalern die Tiere der mittleren Milchergiebigkeit, also Klasse II, die längste Hinterhand. Während Klasse I und III, also die Tiere der besten und geringsten Milchleistung im Bezug auf dieses Mass übereinstimmen.

Vogelsberger, Glan Donnersberger und Holländer dagegen stimmen im Bezug auf dieses Resultat mit dem Ergebnis der Untersuchung Bogdannow's vollkommen überein, indem auch bei ihnen die Tiere der höchsten Beckenlänge den geringsten Milchertrag haben.

---

[1] Der durchschnittliche Milchertrag bleibt für die einzelnen Klassen in allen diesen Tabellen derselbe.

Kontrolltabellen II.
Simmenthaler.

Beckenlänge in Prozenten der Widerristhöhe	Zahl der Tiere	Milchertrag kg
33—36	14	3203
36—39	20	3337,7
39 und mehr	3	3539

Vogelsberger.

Beckenlänge in Prozenten der Widerristhöhe	Zahl der Tiere	Milchertrag kg
35—37	7	2282,7
37—40	5	2059,0
40—43	9	2370

Glan Donnersberger.

Beckenlänge in Prozenten der Widerristhöhe	Zahl der Tiere	Milchertrag kg
(35—37	2	2120)
37—39	5	1885
39—42	4	2261,7
(42 und mehr	1	1458)

Holländer.

Beckenlänge in Prozenten der Widerristhöhe	Zahl der Tiere	Milchertrag kg
(unter 35	1	3465)
35—37	5	2387,4
37—39	8	3626,7
39 und mehr	6	2982

Die Kontrolltabelle liefert uns von diesen abweichende Resultate, indem es sich zeigt, dass bei allen Rassen die Tiere der letzten, oder aber der vorletzten Klasse, also die Tiere der grössten Beckenlänge, auch den grössten Milchertrag haben. Und zwar ist es bei den Holländern nicht die letzte, sondern die vorletzte Klasse, die den höchsten Milchertrag aufweist, so dass wir annehmen müssen, dass bei ihnen der Milchertrag zunächst mit steigender Beckenlänge steigt, bis zu einem gewissen Grade, von dem ab er mit weiter steigender Beckenlänge fällt.

Bei den Vogelsbergern überragt jedoch die Klasse der Tiere mit geringster Beckenlänge im Bezug auf den Milchertrag die Klasse der Tiere mit höherer Beckenlänge, eine Erscheinung, für die eine absolut einwandsfreie Erklärung wohl kaum zu geben ist.

Die zur Beurteilung der Brust nötigen Masse sind als vordere Brustbreite, vordere Rumpfbreite und Brusttiefe-Gurtentiefe ermittelt.

Tabellen III.

Simmenthaler.

	Kl. I.	Kl. II.	Kl. III.
Vordere Brustbreite	32,849	30,96	30,42

Vogelsberger.

	Kl. I.	Kl. II.	Kl. III.
Vordere Brustbreite	30,37	30,365	30,381

Glan Donnersberger.

	Kl. I.	Kl. II.	Kl. III.
Vordere Brustbreite	31,66	29,09	—

Holländer.

	Kl. I.	Kl. II.	Kl. III.
Vordere Brustbreite	30,66	29,57	29,43

Untersuchen wir zunächst das Verhalten der Brustbreite, so finden wir, dass bei Simmenthalern, Holländern und Glan Donnersbergern die Tiere der grössten Brustbreite den grössten Milchertrag besitzen. Ein Resultat, das mit dem von Stegmann gefundenen sich deckt.

Entgegen diesem Resultat steht das bei den Vogelsbergern ermittelte, da hier die Tiere des geringsten Milchertrages die grösste Brustbreite haben. Doch sind die Differenzen zwischen den einzelnen ermittelten Durchschnittszahlen so gering, dass hieraus ein bestimmter Schluss nicht zu ziehen ist.

Kontrolltabellen III.

Simmenthaler.

Vordere Brustbreite in % der Widerristhöhe	Zahl der Tiere	Milchertrag kg
25—29	12	2789,5
29—32	9	3629
32—36	12	3592,5
36—38	4	3708,2

4*

Vogelsberger.

Vordere Brust-breite in % der Widerristhöhe	Zahl der Tiere	Milchertrag kg
(unter 28	2	2599,5)
28—31	6	1961,8
31—34	10	2274
über 34	3	2245

Glan Donnersberger.

Vordere Brust-breite in % der Widerristhöhe	Zahl der Tiere	Milchertrag kg
(26—28	2	1876,5)
28—30	5	1919
(30—33	1	1431)
33—36	4	2252

Holländer.

Vordere Brust-breite in % der Widerristhöhe	Zahl der Tiere	Milchertrag kg
(unter 25	1	1254)
25—27	6	3154,5
27—29	3	3153,6
(29—31	1	3465)
31 und mehr	9	3277,8
(34—36	1	2250)

Die Kontrolltabellen III geben uns ein noch klareres Bild. Nach den Kontrolltabellen III besitzen bei allen Rassen die Tiere des grössten Milchertrages auch die grösste Brustbreite. Der Milchertrag steigt jedoch bei den Simmenthalern nicht regelmässig von Klasse zu Klasse, sondern es überragt die Klasse II, die Klasse III.

Ebenso überragt bei den Vogelsbergern die Klasse III die Klasse IV in Bezug auf den Milchertrag, doch sind beide Differenzen so gering, dass sie eine Grundlage für irgend welche Schlüsse nicht geben.

Tabellen IV.
Simmenthaler.

	Kl. I.	Kl. II.	Kl. III.
Gurtentiefe	52,26	52,34	52,18

Vogelsberger.

	Kl. I.	Kl. II.	Kl. III.
Gurtentiefe	50,13	51,9	52,1

Glan Donnersberger.

	Kl. I.	Kl. II.	Kl. III.
Gurtentiefe	52,72	51,46	—

Holländer.

	Kl. I.	Kl. II.	Kl. III.
Gurtentiefe	54,11	53,71	53,66

Auch im Bezug auf die Brusttiefe stimmen Simmenthaler, Glan Donnersberger und Holländer überein und zwar haben auch hier die Tiere des grössten Milchertrages die grössten Masse, also die grösste Brusttiefe.

Es deckt sich dieses Resultat vollkommen mit der Beobachtung Stegmanns.

Die Vogelsberger machen, dem Resultat der Tabelle IV zufolge, von dieser Regel eine Ausnahme, indem bei ihnen die Tiere der besten Milchergiebigkeit die geringste Brusttiefe haben und die Gurtentiefe mit fallenden Milchertrag steigt.

Es wird dieses Resultat auch aus der Kontrolltabelle IV der Vogelsberger bestätigt und wir müssen also hierin wohl eine gewisse Regel erkennen, deren Begründung in Folgendem zu suchen sein dürfte.

Krämer-„Zürich schreibt zur Ermittlung der Brusttiefe: „Dieses Mass wird allerdings von dem Nährzustand des Tieres nicht unerheblich beeinflusst, indem bei fortschreitend günstiger Gestaltung derselben eine stärkere Anhäufung von Fleisch und Fett gerade auch an der unteren Brusthöhle stattfindet, welche das Massergebnis mehr oder weniger unsicher macht."

Berücksichtigt man nun, dass diese Masse im Hochsommer, also unmittelbar nach der für die Vogelsberger Tiere günstigsten Weidezeit ermittelt worden sind, so ist es sehr leicht möglich, dass ein grosser Teil der Tiere in mehr oder weniger angefleischten Zustande sich befanden.

Da nun nach alter Erfahrung die schlechteren Milchtiere meist leichteren Fettansatz zeigen als die guten Milchtiere, so ist sehr wohl anzunehmen, dass die gewonnenen Resultate durch den besseren Nahrungszustand der schlechteren Milchtiere beeinflusst, und dass das Bild, das uns die Tabellen IV liefern, zu Gunsten der schlechteren Milchtiere verschoben wurde.

Kontrolltabellen IV.

Simmenthaler.

Gurtentiefe	Zahl der Tiere	Milchertrag kg
50—52	19	3362,6
52—54	14	3376,6
54—57	5	3137,8

Vogelsberger.

Gurtentiefe	Zahl der Tiere	Milchertrag kg
49—52	9	2562,2
52—54	7	2290,2
54—56	5	2274

Glan Donnersberger.

Gurtentiefe	Zahl der Tiere	Milchertrag kg
50—52	5	1998,6
52—54	5	2228,6
(54 und mehr	2	1530)

Holländer.

Gurtentiefe	Zahl der Tiere	Milchertrag kg
(unter 50	1	2250)
50—53	7	2880,2
53—55	7	2888,1
55—60	4	3480
(über 60	1	3139)

Die für Simmenthaler, Glan Donnersberger und Holländer aus den Tabellen IV ermittelten Resultate werden auch aus den Kontrolltabellen IV bestätigt. Es besitzen also bei ihnen die Tiere des grössten Milchertrags die grösste Gurtentiefe oder, was dasselbe ist, der Milchertrag steigt mit zunehmender Gurtentiefe. Doch geschieht dieses Ansteigen bei den Simmenthalern nur bis zu einem gewissen Punkte, von dem ab der Milchertrag bei weiter steigender Gurtentiefe wieder fällt.

E. Bogdannow kann sowohl bei der vorderen Rumpfbreite, als auch bei der Brusttiefe zwischen den für die einzelnen Gruppen konstatierten Durchschnittszahlen einen Unterschied nicht feststellen. Er konstatiert[1]) für Klasse I 27,55 Proz., Klasse II 27,49 Proz., Klasse III 27,87 Proz. der Rumpflänge als vordere Brustbreite.

Als Brusttiefe findet er Klasse I 43,39 Proz., Klasse II 43,10 Proz., Klasse III 43,50 Proz. der Rumpflänge.

Bei Untersuchung der Hinterhand ist die Grösse und Form der Kruppe von besonderer Bedeutung.

Um das Verhalten der Kruppe zu untersuchen, wurden folgende Masse ermittelt:

1. Die Beckenlänge - (Hinterhandlänge) (sie wurde weiter oben schon untersucht).

2. Die Hüftenbreite. 3. Die Beckenbreite. 4. Die Gesässbreite.

Tabellen V.

Simmenthaler.

Ausdehnung der Kruppe	Kl. I.	Kl. II.	Kl. III.
Beckenlänge	36,520	37,37	36,50
Hüftenbreite	40,498	40,99	41,23
Beckenbreite	36,046	37,35	36,11
Gesässbreite	22,294	22,27	22,21

Vogelsberger.

Ausdehnung der Kruppe	Kl. I.	Kl. II.	Kl. III.
Beckenlänge	37,978	39,185	39,275
Hüftenbreite	41,72	39,865	39,388
Beckenbreite	31,51	33,894	34,867
Gesässbreite	22,6216	19,084	17,942

Glan Donnersberger.

Ausdehnung der Kruppe	Kl. I.	Kl. II.	Kl. III.
Beckenlänge	39,39	38,33	—
Hüftenbreite	41,63	39,21	—
Beckenbreite	35,79	35,51	—
Gesässbreite	20,55	19,03	—

1) p. 280.

Holländer.

Ausdehnung der Gruppe	Kl. I.	Kl. II.	Kl. III.
Beckenlänge	37,45	38,12	43,06
Hüftenbreite	39,12	38,40	39,55
Beckenbreite	36,28	36,49	36,87
Gesässbreite	22,07	22,00	20,55

Aus den Tabellen V ist nun zunächst festzustellen, dass bei Glan Donnersbergern und Vogelsbergern die Hüftenbreite mit steigendem Milchertrag zunimmt, während bei Simmenthalern und Holländern umgekehrt die Tiere der geringsten Milchleistung mit der grössten Hüftenbreite versehen sind.

Die Tiere des höchsten Milchertrages weisen bei den Simmenthalern die geringste, bei den Holländern eine mittlere Beckenbreite auf.

Kontrolltabellen V.
Simmenthaler.

Hüftenbreite in Prozent der Widerristhöhe	Zahl der Tiere	Milchertrag
37—40	13	2227,77
40—42	15	3450,47
42 u. mehr	9	3028,1

Vogelsberger.

Hüftenbreite in Prozent der Widerristhöhe	Zahl der Tiere	Milchertrag
(unter 37	2	1481)
37—39	9	2330,2
39—42	8	2380,1
(42 u. mehr	2	2370)

Glan Donnersberger.

Hüftenbreite in Prozent der Widerristhöhe	Zahl der Tiere	Milchertrag
(36—38	2	1971)
(38—40	1	2028)
40—42	7	2159,4
(42 u. mehr	2	3189)

Holländer.

Hüftenbreite in Prozent der Widerristhöhe	Zahl der Tiere	Milchertrag
(unter 36	1	3465)
36—38	4	2935
38—40	9	3060,3
40—42	4	2125
42 u. mehr	3	3054

Die Kontrolltabelle V zeigt uns die Höhenrassen auf der einen Seite vereinigt, indem bei ihnen die Tiere der grössten Hüftenbreite den höchsten Milchertrag liefern, doch steigt dieser Milchertrag bei den Simmenthalern stets nur bis zu einem gewissen Punkte mit steigender Hüftenbreite, von dem aber er, mit weiter steigender Hüftenbreite, wieder fällt.

Die Holländer lassen auch in der Kontrolltabelle dasselbe Resultat erkennen wie in Tabelle V. Auch nach dem Resultat der Kontrolltabelle V besitzen die Tiere mittlerer Hüftenbreite die höchste Milchergiebigkeit.

E. Bogdannow kommt bei Untersuchung der Holländerherde zu Kleinhof Tapiau zu einem ähnlichen Resultate und zwar fand er, dass die besten Milchtiere die geringste Hüftenbreite zeigen.

Er stellte für Klasse I 33,65, Klasse II 3 I,67, Klasse III 34,69 Proz. der Gesamtlänge als Hüftenbreite fest.

Stegmann kritisiert in seiner Arbeit dieses Resultat Bogdannows und behauptet, dass es nur dadurch möglich wäre, dass vielfach in Ostpreussen auf schmale Hüften, zwecks Erleichterung der Geburt gezüchtet werde.

Auf diese Weise sei das Abweichen dieses Resultates von dem Stegmanns, der bei steigendem Milchertrag, steigende Hüftenbreite feststellte, zu erklären.

Inwieweit dieser züchterische Einfluss auch bei den zu vorliegender Arbeit herangezogenen Holländern eingewirkt hat, ist nicht festzustellen.

Dass ein solcher Einfluss vorhanden ist und diese Erscheinung bei den Holländern mit bedingt, ist sehr wohl möglich.

Wie aus den Tabellen V hervorgeht, ist das Verhalten der Beckenbreite bei den verschiedenen Rassen ein sehr verschiedenes.

Im Folgendem möchte ich zunächst einige Bemerkungen über die Gewinnung und den Wert dieses Masses machen, die zur Erklärung dieser Verschiedenheiten sehr viel beitragen dürften.

Es wird die Beckenbreite von einem Backbeinumdreher nach dem anderen gemessen. Die Ermittelung dieser beiden Backbeinumdreher ist bei Tieren mit verhältnismässig dünner Haut und nicht zu starkem Muskel- und Fettansatz sehr wohl möglich.

Haben wir jedoch Tiere mit verhältnismässig dicker Haut vor uns, wie z. B. die Simmenthaler, Vogelsberger und Glan Donnersberger diese grösstenteils besitzen, so wird hierdurch die genaue

Ermittelung der Ansatzstellen dieses Masses schon sehr erschwert Noch mehr erschwert aber wird die genaue Feststellung dieses Masses bei angefleischten Tieren, da gerade an dieser Stelle des Tierkörpers die Muskulatur leicht mit Fett durchwächst, so dass eine genaue Ermittlung der Ansatzstellen hierdurch fast zur Unmöglichkeit wird.

Unter der schon oben, bei Ermittlung der Brusttiefe, gemachten Voraussetzung, dass die schlechteren Milchtiere am ehesten zu Muskel und Fettansatz neigen, wäre es wohl möglich, dass die aus den Tabellen V gewonnenen Resultate, durch die bei Ermittlung der Masse sich einschleichenden Ungenauigkeiten, zu Gunsten der Tiere des geringeren Michertrages verschoben worden sind.

Nach diesen Ausführungen erscheint die Beckenbreite nicht gerade als das geeignetste Mass für die Beurteilung der Kruppe und es wäre wohl der sicherer und leichter festzustellenden Hüftenbreite für diesen Zweck grösserer Wert beizulegen.

Bei Vogelsbergern und Holländern finden wir, dass die Tiere der geringsten Beckenbreite die grösste Milchergiebigkeit besitzen und dass die Beckenbreite mit fallendem Milchertrage steigt. Allerdings ist hierbei zu berücksichtigen, dass bei den Holländern die Unterschiede zwischen den einzelnen Durchschnittszahlen nur sehr gering sind (Klasse I 36,28; Klasse II 36,49; Klasse III 36,87.)

Zu demselben Resultate kommt auch E. Bogdannow.

Dagegen besitzen bei den Simmenthalern die Tiere mittleren Milchertrages die grösste Beckenbreite und die Tiere der besten und geringsten Milchleistung stimmen im Bezug auf diese Durchschnittszahlen fast vollkommen überein.

Am grössten ist endlich die Durchschnittszahl für die Beckenbreite bei Klasse I der Glan Donnersberger, ein Resultat, das mit dem von Stegmann ermittelten übereinstimmt; doch ist auch hier zu bemerken, dass die Unterschiede zwischen den Durchschnittszahlen so gering sind, dass hieraus ein sicherer Schluss kaum möglich ist.

Diese Resultate finden in den Kontrolltabellen im wesentlichen ihre Bestätigung.

Kontrolltabellen VI.
Simmenthaler.

Beckenbreite in Prozent der Widerristhöhe	Zahl der Tiere	Milchertrag
(unter 33	1	3978)
33—36	10	3099,2
36—38	14	3506,03
38—40	7	3526,5

Vogelsberger.

Beckenbreite in Prozent der Widerristhöhe	Zahl der Tiere	Milchertrag
29—33	3	2524,6
33—35	10	2282,0
35 u. mehr	8	2045,0

Glan Donnersberger.

Beckenbreite in Prozent der Widerristhöhe	Zahl der Tiere	Milchertrag
33—35	4	1695,5
35—37	6	2032,8
37 u. mehr	2	2596

Holländer.

Beckenbreite in Prozent der Widerristhöhe	Zahl der Tiere	Milchertrag
34—36	9	3221,2
36—38	9	3061,3
38 u. mehr	2	2894,3

Für Vogelsberger und Glan Donnersberger ist aus den Kontrolltabellen mit steigender Beckenbreite ein fallender Milchertrag zu konstatieren.

Bei den Glan Donnersbergern lässt sich mit steigender Beckenbreite ein steigender Milchertrag feststellen, ein Resultat, das auch bei den Simmenthalern zu finden ist.

Dass diese Masse leicht durch unvermeidliche Ungenauigkeiten beeinflusst werden, wurde weiter oben bereits ausgeführt.

— 60 —

Es mag hierin wohl der hauptsächlichste Grund für diese Verschiedenheit der Resultate zu suchen sein.

Das letzte Mass, das zur Feststellung des Baues der Kruppe nötig ist, ist die Gesässbreite, sie erscheint in den Tabellen V aller Rassen mit steigendem Milchertrage steigend.

Der Verlauf der Rückenlinie wird durch folgende Masse etwa festgelegt:

1. Die Wideristhöhe.
2. Die Kreuzhöhe.
3. Die Schwanzansatzhöhe.

Tabellen VI.

Simmenthaler.

Verlauf der Rückenlinie	Kl. I.	Kl. II.	Kl. III.
Widerristhöhe	137,45	138,3	139,81
Kreuzhöhe	101,65	102,31	103,03
Schwanzansatzhöhe	101,94	103,66	104,27
Beckenlänge	36,52	37,37	36,50

Vogelsberger.

Verlauf der Rückenlinie	Kl. I.	Kl. II.	Kl. III.
Widerristhöhe	124,83	126,71	125,75
Kreuzhöhe	101,29	102,33	101,99
Schwanzansatzhöhe	103,38	103,94	102,80
Beckenlänge	37,97	39,18	31,27

Glan Donnersberger.

Verlauf der Rückenlinie	Kl. I.	Kl. II.	Kl. III.
Widerristhöhe	131,3	131,4	—
Kreuzhöhe	100,89	99,17	—
Schwanzansatzhöhe	101,79	100,67	—
Beckenlänge	39,99	38,38	—

Holländer.

Verlauf der Rückenlinie	Kl. I.	Kl. II.	Kl. III.
Widerristhöhe	146	130,3	129
Kreuzhöhe	101,21	99,28	101,17
Schwanzansatzhöhe	98,83	99,37	99,58
Beckenlänge	37,45	38,02	43,06

Der aus der Tabelle VI zu konstatierende Verlauf der Rückenlinie ist bei den 3 Höhenrassen ein ganz ähnlicher. Typisch ist
hierfür der Verlauf der Rückenlinie bei den Simmenthalern, bei
denen sie vom Widerrist nach dem Kreuze und von dort nach dem
Schwanzansatze ganz allmählich ansteigt, und zwar für alle 3 Klassen
ziemlich gleich.

Ein geringer Unterschied zeigt sich nur bei den Vogelsbergern, bei denen die Klasse I ein etwas stärkeres Ansteigen der
Rückenlinie nach dem Kreuze hin erkennen lässt.

Es dürfte diese Uebereinstimmung im Bau dieser Rassen auf
den ersten Blick vielleicht etwas befremdendes haben, doch ist sie
unter Würdigung der Thatsache, dass die meisten süd- und mittel-
deutschen Landschläge und unter ihnen wohl auch Glan Donnersberger und Vogelsberger in früherer oder späterer Zeit mit Simmenthalern gekreuzt wurden, ganz erklärlich.

Die Niederungstiere, die Holländer, zeigen nur in Klasse II
einen annähernd ebenen Verlauf der Rückenlinie. Bei Klasse I
und III dagegen steigt die Rückenlinie bis zum Kreuze und sinkt
von dort aus nach dem Schwanzansatze hin.

Auch E. Bogdannow kommt bei der Untersuchung seiner
Holländer zu ähnlichen Resultaten.

Er findet, dass die von ihm statt der Kreuzhöhe ermittelte
Lendenhöhe, die Widerristhöhe stets um 2—2,4 Proz. überrage,
so dass die Schwanzansatzhöhe meist wohl tiefer liege, als die
Lendenhöhe.

Tabellen VII.

Simmenthaler.

Widerristhöhe	Kl. I.	Kl. II.	Kl. III.
1. In Prozenten der Gesamtlänge	140,555	145,62	141,45
2. „ „ „ Länge ohne Hals	99,09	105,43	100,36
3. Gesamtlänge in Prozenten der Widerristhöhe .	71,1	68,6	70,7
4. Länge ohne Hals in Prozent. d. Widerristhöhe	101,0	94,9	99,7

Vogelsberger.

Widerristhöhe	Kl. I.	Kl. II.	Kl. III.
1. In Prozenten der Gesamtlänge	68,3	69,0	72,0
2. „ „ „ Länge ohne Hals	99,6	99,6	108,3
3. Gesamtlänge in Prozenten der Widerristhöhe .	145,76	144,98	138,491
4. Länge ohne Hals in Prozent. d. Widerristhöhe	100,498	100,48	92,314

Glan Donnersberger.

Widerristhöhe	Kl. I.	Kl. II.	Kl. III.
1. In Prozenten der Gesamtlänge	72,0	72,3	—
2. „ „ „ Länge ohne Hals	101,4	103,5	—
3. Gesamtlänge in Prozenten der Widerristhöhe .	138,82	140,29	—
4. Länge ohne Hals in Prozent. d. Widerristhöhe	98,61	96,78	--

Holländer.

Widerristhöhe	Kl. I.	Kl. II.	Kl. III.
1. In Prozenten der Gesamtlänge	69,3	66,6	66,8
2. „ „ „ Länge ohne Hals	90,3	89,1	90,4
3. Gesamtlänge in Prozenten der Widerristhöhe .	144,54	150,10	149,42
4. Länge ohne Hals in Prozent. d. Widerristhöhe	110,85	112,22	110,52

Um einen genaueren Vergleich mit den Resultaten Bogdannows und Stegmanns zu ermöglichen, sind in den Tabellen VII die Widerristhöhe auch in Proz. der Gesamtlänge und der Länge ohne Hals ungerechnet.

Wie es sich zeigt, stimmen diese 3 Resultate bei allen Rassen ziemlich überein und beweisen, dass bei Vogelsbergern und Glan Donnersbergern die Tiere der grössten Milchergiebigkeit im Verhältnis zur Gesamtlänge und zur Länge ohne Hals die geringste Widerristhöhe haben. Oder, was dasselbe ist, dass bei diesen Rassen die Gesamtlänge und die Länge ohne Hals im Verhältnis zur Widerristhöhe, bei den milchergiebigsten Tieren am grössten ist.

Bei den Simmenthalern und Holländern dagegen schwanken diese Resultate sehr.

In Proz. der Gesamtlänge und der Länge ohne Hals ausgedrückt, besitzt bei den Simmenthalern Klasse II die grösste Widerristhöhe. In Proz. der Widerristhöhe umgerechnet, ist jedoch die Gesamtlänge und die Länge ohne Hals bei Klasse I der Tiere am grössten, so dass ein Schluss aus diesen Resultaten wohl kaum möglich ist.

Die Holländer zeigen von diesen wiederum abweichende Resultate. In Proz. der Gesamtlänge und der Länge ohne Hals ist die Widerristhöhe bei Klasse I am grössten, während die Gesamtlänge und die Länge ohne Hals im Verhältnis zur Widerristhöhe bei Klasse II am grössten sind.

Suchen wir für die bei den Simmenthalern auftretenden Schwankungen der Resultate eine Erklärung, so dürfte dieselbe wohl teilweise in einer Aeusserung eines oberbadischen Viehzüchters und Exporteurs zu finden sein, die derselbe mir gegenüber that.

Er gab im Laufe des Gespräches an, dass es jetzt das Bestreben vieler Badischer Simmenthaler Hochzuchten sei, einen zu
lang gestreckten Rumpf zu vermeiden, um dem Tiere einen starken
Rücken und gute Zugfähigkeit zu erhalten.

Inwieweit diese Zuchtrichtung vorhanden ist und inwieweit sie die
Körperformen und Masse und damit auch das vorliegende Resultat
beeinflusst hat, dies festzustellen bin ich leider nicht in der Lage.

Kontrolltabellen VII [1]).
Simmenthaler.

	Länge ohne Hals	Zahl der Tiere	Milchertrag kg
Widerristhöhe	bis 97	9	2982
	97—100	14	3051,75
	100--103	5	3658,5
	104 u. mehr	9	3745,7

Vogelsberger.

	Länge ohne Hals	Zahl der Tiere	Milchertrag kg
Widerristhöhe	93—96	4	2190
	96—100	5	1923
	100—103	6	2179
	103—106	3	2265
	106 u. mehr	3	2485

Glan Donnersberger.

	Länge ohne Hals	Zahl der Tiere	Milchertrag kg
/ Widerristhöhe	94—97	4	1967,2
	97—100	4	2266
	(100—103	2	2312,0)
	(103 u. mehr	2	1806)

Holländer.

	Länge ohne Hals	Zahl der Tiere	Milchertrag kg
Widerristhöhe	(unter 98	1	3536)
	(98—101	2	1894)
	101—105	3	3416
	105—110	4	2777
	110—114	3	3395
	117—120	3	3303
	120 u. mehr	4	3243

---

1) Es ist in diesen Tabellen nicht die Widerristhöhe in Proz. der Länge ohne Hals
angegeben, sondern umgekehrt die Länge ohne Hals in Proz. der Widerristhöhe, da diese
bei Ausführung der Arbeit als Grundmass diente. Es muss hier indirekt aus dem Verhalten
der Länge ohne Hals ein Schluss auf das Verhalten der Widerristhöhe gezogen werden. —

Aus den Kontrolltabellen ist zu ersehen, dass bei Simmenthalern, Vogelsbergern und Glan Donnersbergern die Milcherträge mit steigender Länge ohne Hals zunehmen.

Nur die Holländer machen von dieser Regel insofern eine Ausnahme, als bei ihnen die Tiere mit einer mittleren Durchschnittszahl für die Länge ohne Hals den höchsten Milchertrag besitzen.

Ein absolut sicherer Grund für diese Abweichung lässt sich wohl kaum finden, doch wäre es sehr wohl möglich, dass auch hier ein züchterischer Einfluss irgend welcher Art vorliegt.

E. Bogdannow findet bei den von ihm untersuchten Holländern, dass die Tiere des besten Milchertrags in Prozenten der Bug-Gesässhöckerlinie die geringste Widerristhöhe besitzen und wird in diesem Resultat durch das Stegmanns unterstützt.

Stegmann schreibt zu seinem Resultate[1]: „Dieses Verhalten der Rumpflänge und Widerristhöhe wird vom Alter der Tiere sehr beeinflusst, indem junge Tiere eine im Verhältnis zu ihrer Länge bedeutendere Widerristhöhe haben, als ältere, und je vollentwickelter ein Tier ist, um so mehr die Widerristhöhe gegen die Rumpflänge zurück bleibt, bezw. die Rumpflänge ausgedrückt in Prozenten der Widerristhöhe zunimmt. — Um diese Unregelmässigkeiten zu eliminieren, wurden für vorliegende Arbeit nur Kühe gemessen, von denen mindestens die Erträge von 3 Laktationsperioden vorlagen, welche also mindestens 6 bis 7 Jahre alt waren."

Es könnte dies sehr wohl als ein Grund für etwaige Abweichungen der Resultate herangezogen werden, doch kann die Behauptung Stegmanns aus vorliegender Arbeit nicht bestätigt werden; denn es ist bei jüngeren Tieren keineswegs im Verhältnis zur Widerristhöhe eine kurze Gesamtlänge oder Länge ohne Hals nachzuweisen.

So hat z. B. Herde 1 No. 20, ein Tier mit dem zweiten Kalbe, eine Widerristhöhe von 137 cm, eine Gesamtlänge von 141,60 Proz. und eine Länge ohne Hals von 95,61 Proz. der Widerristhöhe.

No. 4 derselben Herde, ein Tier mit dem vierten Kalbe, hat eine Widerristhöhe von 135 cm., eine Rumpflänge 137,02 Proz. und eine Länge ohne Hals von 97,03 Proz. der Widerristhöhe.

---

1) p. 901.

No. 12 derselben Herde, ein Tier mit dem zweiten Kalbe, hat eine Widerristhöhe von 135 cm; eine Rumpflänge von 135,54 Proz. und eine Länge ohne Hals von 97,77 Proz. der Widerristhöhe. Es ist also hier ein wirklich typischer Unterschied, der die Behauptung Stegmanns stützen könnte, nicht vorhanden. Dieselben Verhältnisse sind auch in den Herden 2 und 3 bei No. 16, No. 14 und No. 11 nachzuweisen und ebenso in den Herden 4, 5 und 6 bei No. 7, No. 4 und No. 2 und a. m.

Nach Feststellung obiger Thatsachen kann man das Argument Stegmanns wohl kaum mehr als unbedingt sicher erachten und ist dasselbe daher zur Erklärung der beobachteten Abweichungen nicht herangezogen worden.

Tabellen VIII.

Simmenthaler.

Kreuzhöhe	Kl. I.	Kl. II.	Kl. III.
1. Kreuzbein in Prozenten der Widerristhöhe . .	101,653	103,66	103,03
2. In Prozenten der Gesamtlänge	72,3	72,6	72,8
3. „ „ „ Länge ohne Hals	102,5	102,6	102,7

Vogelsberger.

Kreuzhöhe	Kl. I.	Kl. II.	Kl. III.
1. Kreuzbein in Prozenten der Widerristhöhe . :	101,298	102,361	101,991
2. In Prozenten der Gesamtlänge	69,4	70,6	73,6
3. „ „ „ Länge ohne Hals	100,7	101,8	110,4

Glan Donnersberger.

Kreuzhöhe	Kl. I.	Kl. II.	Kl. III.
1. Kreuzbein in Prozenten der Widerristhöhe . .	100,89	99,17	—
2. In Prozenten der Gesamtlänge	71,6	71,9	—
3. „ „ „ Länge ohne Hals	101,2	102,4	—

Holländer.

Kreuzhöhe	Kl. I.	Kl. II.	Kl. III.
1. Kreuzbein in Prozenten der Widerristhöhe . .	101,28	99,98	101,17
2. In Prozenten der Gesamtlänge	70,1	66,5	67,6
3. „ „ „ Länge ohne Hals	91,7	89,0	91,5

Das zweite Mass zur Feststellung des Verlaufes der Rückenlinie ist die Kreuzbeinhöhe. Sie nimmt bei Simmenthalern, Vogelsbergern und Glan Donnersbergern mit steigendem Milchertrage ab.

5

Umgekehrt nimmt das für die Kreuzbeinhöhe ermittelte Durchschnittsmass bei den Holländern mit steigendem Milchertrag zu.

Auch in den Tabellen VIII sind die ermittelten Verhältniszahlen zwecks bequemeren Vergleichs mit den Resultaten Bogdannows und Stegmanns, in Proz. der Gesamtlänge und der Länge ohne Hals umgerechnet.

Kontrolltabellen VIII.

Simmenthaler.

Kreuzhöhe in Proz. der Widerristhöhe	Zahl der Tiere	Milchertrag
(unter 100	1	3828)
100—103	23	3311,3
103—104	13	3040,17

Vogelsberger.

Kreuzhöhe in Proz. der Widerristhöhe	Zahl der Tiere	Milchertrag
99—101	8	2055,7
101—103	5	2697,60
103—106	8	1970,80

Glan Donnersberger.

Kreuzhöhe in Proz. der Widerristhöhe	Zahl der Tiere	Milchertrag
(unter 98	1	2128)
98—100	2	2310
100—102	8	1990
(102 u. mehr	1	1500)

Holländer.

Kreuzhöhe in Proz. der Widerristhöhe	Zahl der Tiere	Milchertrag
(97—100	2	3313)
100—103	17	3129,5
(über 103	1	5103)

Die Kontrolltabelle zeigt in vollkommener Uebereinstimmung mit dem Resultat Stegmanns, dass bei Simmenthalern, Glan Donnersbergern und Holländern mit zunehmender Leistung abnehmende Kreuzhöhe auftritt.

Eine kleine Abweichung ist bei den Vogelsbergern zu konstatieren, bei denen nicht die Tiere der geringsten Kreuzhöhe,

sondern die Tiere mittlerer Kreuzhöhe den höchsten Milchertrag
besitzen.

E. Bogdannow, der, wie bereits bemerkt, anstatt der Kreuzhöhe die Lendenhöhe ermittelt hat, kann bei den von ihm untersuchten Holländern mit steigendem Milchertrage fallende Lendenhöhe konstatieren.

Eine unbedingt stichhaltige Erklärung für die bei den Vogelsbergern zu konstatierende Abweichung des Resultates ist kaum an-
zugeben. Möglich wäre es auch hier, dass irgend welche züchterische
Einflüsse vorhanden wären, doch wurde mir bei Vornahme der
Messungen, und auch später, derartiges nicht bekannt.

Das Verhalten der Schwanzansatzhöhe ist bei den verschiedenen
Rassen, je nachdem dieselbe in Proz. der Widerristhöhe oder in
Proz. der Länge ohne Hals oder in Proz. der Gesamtlänge ausge-
drückt wird, ein sehr verschiedenes.

Tabellen IX.

Simmenthaler.

Schwanzansatzhöhe	Kl. I.	Kl. II.	Kl. III.
1. In Prozenten der Widerristhöhe	101,493	103,66	104,27
2. „ „ „ Gesamtlänge	72,5	71,8	73,6
3. „ „ „ Länge ohne Halshöhe . . .	101,2	98,2	100,3
4. Beckenlänge in Prozenten der Kreuzhöhe . .	35,88	38,00	32,4

Vogelsberger.

Schwanzansatzhöhe	Kl. I.	Kl. II.	Kl. III.
1. In Prozenten der Widerristhöhe	103,388	103,947	102,807
2. „ „ „ Gesamtlänge	70,9	71,7	74,4
3. „ „ „ Länge ohne Hals	102,8	103,4	111,2
4. Beckenlänge in Prozenten der Kreuzhöhe . .	37,5	37,9	38,5

Glan Donnersberger.

Schwanzansatzhöhe	Kl. I.	Kl. II.	Kl. III.
1. In Prozenten der Widerristhöhe	101,79	100,67	—
2. „ „ „ Gesamtlänge	72,2	72,7	—
3. „ „ „ Länge ohne Hals	103,1	104,0	—
4. Beckenlänge in Prozenten der Kreuzhöhe . .	38,0	38,6	—

Holländer.

Schwanzansatzhöhe	Kl. I.	Kl. II.	Kl. III.
1. In Prozenten der Widerristhöhe	98,83	99,37	99,58
2. „ „ „ Gesamtlänge	66,9	66,4	66,5
3. „ „ „ Länge ohne Hals	89,1	89,3	90,0
4. Beckenlänge in Prozenten der Kreuzhöhe . .	37,0	39,0	42,5

Bei Simmenthalern und Holländern besitzen die besten Milchtiere die geringste Schwanzansatzhöhe.

Umgekehrt besitzen bei den Glan Donnersbergern und Vogelsbergern die Tiere der besten Milchergiebigkeit die grösste Höhe des Schwanzansatzes.

In Proz. der Gesamtlänge und der Länge ohne Hals ausgedrückt besitzt bei Vogelsbergern, Glan Donnersbergern und Holländern Klasse I die geringste Schwanzansatzhöhe.

Nur bei den Simmenthalern ist es Klasse II, die die geringste Schwanzansatzhöhe hat.

Kontrolltabellen IX.
Simmenthaler.

Schwanzansatzhöhe in Proz. der Widerristhöhe	Zahl der Tiere	Milchertrag
(unter 100	1	5205)
100—103	13	3660,5
103—105	14	3141,6
105—108	9	2751,1

Vogelsberger.

Schwanzansatzhöhe in Proz. der Widerristhöhe	Zahl der Tiere	Milchertrag
99—102	4	2229
102—105	12	2050
105—108	4	2255
(über 108	1	2610)

Glan Donnersberger.

Schwanzansatzhöhe in Proz. der Widerristhöhe	Zahl der Tiere	Milchertrag
97—100	4	2249,3
100—102	5	2009
102—104	—	—
104 u. mehr	3	1885

Holländern.

Schwanzansatzhöhe in Proz. der Widerristhöhe	Zahl der Tiere	Milchertrag
(unter 96	2	2287)
96—99	6	3712,8
99—101	9	2893,3
101 u. mehr	3	2868

Aus den Kontrolltabellen aller Rassen ist ersichtlich, dass die milchergiebigsten Tiere aller Rassen die geringste Schwanzansatz= höhe haben. Ein Resultat, das sich mit dem Stegmanns voll- kommen deckt.

Auch die Beobachtung Stegmanns, dass der Schwanzansatz stets etwas höher liege als die Kreuzhöhe, konnte, wie aus den Tabellen ersichtlich, für alle untersuchten Höhenrassen bestätigt werden.

Bei den Holländern dagegen trat diese Erscheinung nicht zu Tage.

E. Bogdannow kommt bei seinen Beobachtungen zu demselben Resultat.

Die Untersuchung über das Verhalten der Beckenlänge in Prozenten der Kreuzhöhe ergab, wie aus Tabelle ersichtlich, dass die Beckenlänge in Prozenten der Kreuzhöhe mit steigendem Milch- ertrag fiel.

Stegmann dagegen konnte bei den von ihm untersuchten Tieren mit zunehmendem Milchertrag ein Steigen der Beckenlänge in Prozenten der Kreuzhöhe konstatieren.

Die Halslänge ist in vorliegender Arbeit nicht direkt ermittelt worden. Sie lässt sich jedoch für die einzelnen Klassen aus der Differenz der Durchschnittszahlen der Gesamtlänge und der Länge ohne Hals berechnen.

Tabellen X.

Simmenthaler.

Halslänge	Kl. I.	Kl. II.	Kl. III.
Gesamtlänge	140,55	145,62	141,45
Länge ohne Hals	99,090	105,43	100,36
Halslänge	41,460	40,19	41,09
In Prozenten der Gesamtlänge . . .	29,4	27,5	28,1
„ „ „ Länge ohne Hals . .	41,7	38,6	40,0

Vogelsberger.

Halslänge	Kl. I.	Kl. II.	Kl. III.
Gesamtlänge	145,76	144,98	138,49
Länge ohne Hals	100,498	100,48	92,34
Halslänge ٬	45,262	44,50	42,15
In Prozenten der Gesamtlänge . . .	36,8	29,2	34,2
,, ,, ,, Länge ohne Hals . .	43,3	42,8	42,1

Glan Donnersberger.

Halslänge	Kl. I.	Kl. II.	Kl. III.
Gesamtlänge	138,82	140,29	—
Länge ohne Hals	98,61	96,78	—
Halslänge	40,21	43,51	—
In Prozenten der Gesamtlänge . . .	28,9	31,0	—
,, ,, ,, Länge ohne Hals . .	40,7	44,9	—

Holländer.

Halslänge	Kl. I.	Kl. II.	Kl. III.
Gesamtlänge	144,34	150,10	149,42
Länge ohne Hals	110,85	112,22	110,52
Halslänge	33,49	37,88	38,98
In Prozenten der Gesamtlänge . . .	22,5	25,1	26,01
,, ,, ,, Länge ohne Hals . .	30,1	33,6	34,0

Wie aus vorliegenden Tabellen ersichtlich, sind bei den Holländern und Glan Donnersbergern die Tiere des höchsten Milchertrages mit der kleinsten Halslänge versehen.

Das entgegengesetzte Resultat ist bei Simmenthalern und Vogelsbergern festzustellen, bei denen die milchergiebigsten Tiere die grösste Halslänge haben; bei den Simmenthalern hat Klasse I fast dieselben Durchschnittsmasse wie Klasse III, (Kl. I, 41,46; Kl. III, 41,09.), die Tiere des besten und schlechtesten Milchertrages zeigen also dieselbe Halslänge.

In voller Uebereinstimmung mit dem bei den Simmenthalern ermittelten Resultate stehen die Resultate E. Bogdannows, der bei den von ihm untersuchten Holländern ebenfalls feststellte, dass die Tiere des besten und geringsten Milchertrages dieselbe Halslänge haben. Ein Unterschied zwischen beiden Resultaten besteht nur insofern, als es in vorliegender Arbeit die Tiere des höchsten Milchertrages sind, die die grösste Halslänge haben, während es bei

Bogdannows Untersuchung die Tiere mittlerer Milchergiebigkeit sind, die die grösste Halslänge besitzen. Auch Stegmann findet, dass bei den in von ihm untersuchten Tieren ähnliche Verhältnisse obwalten. Er stellt fest, dass im Verhältnis zur Widerristhöhe die Kühe der geringsten Milchergiebigkeit die grösste Halslänge besitzen, dass dann die Kühe der besten und geringen Milchergiebigkeit, ihrer Halslänge entsprechend, sich anreihen.

Aus seiner Kontrolltabelle jedoch kann Stegmann mit steigendem Milchertrag fallende Nackenlänge feststellen.

Es scheint nach diesen Beobachtungen, als ob, im Bezug auf die Länge des Halses, im Bau der besten und schlechtesten Milchtiere eine bestimmte Aehnlichkeit bestehe.

Bei Untersuchung der Kopfmasse muss hier nochmals darauf aufmerksam gemacht werden, dass dieselben als Kopflänge, Stirnlänge und Breite der Stirnenge ermittelt worden sind und zwar auf Wunsch des weiland Herrn Prof. Dr. Settegast, die Längenmasse unter der Hornwulst (d. h. direkt an der Berührungslinie des Hornwulstes mit dem Stirnbein) ansetzend.

Tabellen XI.
Simmenthaler.

Kopflänge	Kl. I.	Kl. II.	Kl. III.
1. in Prozenten der Widerristhöhe . .	33,938	33,94	32,39
2. „ „ „ Gesamtlänge . . .	24,1	23,9	22,8
3. „ „ „ Länge ohne Hals .	34,2	32,1	32,1
4. „ „ „ Halslänge . . .	81,8	84,5	78,7

Vogelsberger.

Kopflänge	Kl. I.	Kl. II.	Kl. III.
1. in Prozenten der Widerristhöhe . .	31,593	34,445	33,286
2. „ „ „ Gesamtlänge . . .	21,6	23,7	24,1
3. „ „ „ Länge ohne Hals .	31,3	34,3	35,9
4. „ „ „ Halslänge . . .	78,6	79,5	72,0

Glan Donnersberger.

Kopflänge	Kl. I.	Kl. II.	Kl. III.
1. in Prozenten der Widerristhöhe . .	35,12	32,98	—
2. „ „ „ Gesamtlänge . . .	25,2	23,40	—
3. „ „ „ Länge ohne Hals .	34,4	34,0	—
4. „ „ „ Halslänge . . .	87,3	75,5	—

Holländer.

Kopflänge	Kl. I.	Kl. II.	Kl. III.
1. in Prozenten der Widerristhöhe . .	33,09	31,54	33,08
2. „ „ „ Gesamtlänge . . .	22,09	20,9	22,8
3. „ „ „ Länge ohne Hals .	29,7	28,0	29,8
4. „ „ „ Halslänge . . .	98,8	83,3	84,8

Die Kopflänge in Prozenten der Widerristhöhe ist bei Simmenthalern und Vogelsbergern bei Klasse II, also bei den Tieren mittlerer Milchergiebigkeit, am grössten.

Doch ist bei den Simmenthalern der Unterschied zwischen
den ermittelten Durchschnittszahlen der besten und mittelguten
Milchtiere nur sehr gering.

Die besten Milchtiere besitzen bei den Holländern und Glan
Donnersbergern die grösste Kopflänge in Proz. der Widerristhöhe.

Im Verhältnis zur Gesamtlänge und zur Länge ohne Hals
haben die milchergiebigsten Tiere der Simmenthaler, Glan Donnersberger und Holländer den längsten Kopf, während bei den Vogelsbergern die besten Milchkühe im Verhältnis zur Gesamtlänge und
zur Länge ohne Hals den kürzesten Kopf haben. Es steigt bei
ihnen die Kopflänge mit fallendem Milchertrage.

Es lässt sich aus diesen mannigfachen Schwankungen der
Resultate zunächst ein bestimmter Schluss nicht ziehen, erst die
Kontrolltabelle liefert ein klareres Bild.

Kontrolltabellen XI.
Simmenthaler.

Kopflänge in Proz. der Widerristhöhe	Zahl der Tiere	Milchertrag
29—32	7	2977
32—35	22	3452,21
35—38	9	3575,1

Vogelsberger.

Kopflänge in Proz. der Widerristhöhe	Zahl der Tiere	Milchertrag
29—32	3	1862,6
32—35	11	2243,5
35—38	6	2124
(38 u. mehr	1	2700)

Glan Donnersberger.

Kopflänge in Proz. der Widerristhöhe	Zahl der Tiere	Milchertrag
30—33	4	1825
33—35	5	2193,2
35 u. mehr	3	1968,3

Holländer.

Kopflänge in Proz. der Widerristhöhe	Zahl der Tiere	Milchertrag
(unter 30	1	5103)
30—32	7	3002
32—35	7	3096,8
35—37	5	3041

Aus diesen Kontrolltabellen ist zu ersehen, dass mit Ausnahme der Simmenthaler bei allen untersuchten Rassen die Tiere mittlerer Kopflänge den höchsten Milchertrag liefern ein Resultat, das auch aus Stegmanns Beobachtung bestätigt wird.

Bei den Simmenthalern dagegen steigt der Milchertrag mit zunehmender Kopflänge.

Tabellen XII.
Simmenthaler.

	Klasse I	Klasse II	Klasse III
Stirnlänge in Proz. der Widerristhöhe	13,355	13,73	12,18

Vogelsberger.

	Klasse I	Klasse II	Klasse III
Stirnlänge in Proz. der Widerristhöhe	14,75	15,111	13,615

Glan Donnersberger.

	Klasse I	Klasse II	Klasse III
Stirnlänge in Proz. der Widerristhöhe	13,82	14,65	—

Holländer.

	Klasse I	Klasse II	Klasse III
Stirnlänge in Proz. der Widerristhöhe	13,71	13,37	14,24

— 74 —

Die Untersuchung der Stirnlänge zeigt, dass bei Simmen-
thalern und Vogelsbergern die mittelguten Milchtiere die grösste
Stirnlänge besitzen, während die Durchschnittsmasse der besten
Milchtiere nur wenig kleiner sind.

Es ist dies eine Thatsache die auch Stegmann bei den von ihm
untersuchten Anglern feststellen kann, indem er findet, dass auch
bei seinen Untersuchungen die Stirnlänge der mittleren Leistungsklassen mit der der besten Leistungsklasse übereinstimmt.

Bei Holländern und Glan Donnersbergern haben die Tiere der
geringsten Milchergiebigkeit die grösste Stirnlänge, doch stehen die
Durchschnittszahlen der besten Milchtiere diesen Durchschnittszahlen ziemlich nahe.

Es verhält sich demnach hier bei diesen beiden letzten Rassen
die Stirnlänge gerade umgekehrt wie die Kopflänge in Proz. der
Widerristhöhe.

Aus diesen Resultaten ist ebenfalls zunächst ein sicherer
Schluss nicht zu ziehen. Auch in diesem Falle ist es erst die
Kontrolltabelle, die uns ein wirklich klares Bild liefert.

Kontrolltabellen XII.

Simmenthaler.

Stirnlänge in Proz. der Widerristhöhe	Zahl der Tiere	Milchertrag
(unter 10	1	761)
10—13	12	3300
13—15	22	3149,42
(mehr als 15	2	3646)

Vogelsberger.

Stirnlänge in Proz. der Widerristhöhe	Zahl der Tiere	Milchertrag
(unter 12	2	1639)
12—14	5	2059,4
14—16	10	2287,5
16 u. mehr	4	2390,2

Glan Donnersberger.

Stirnlänge in Proz. der Widerristhöhe	Zahl der Tiere	Milchertrag
12—14	7	1853,2
14—16	4	2298
(16 u. mehr	1	2003)

Holländer.

Stirnlänge in Proz. der Widerristhöhe	Zahl der Tiere	Milchertrag
9—13	5	2938,4
13—15	10	3265,2
15—17	5	3068,4

Es erhellt aus dieser Kontrolltabelle, dass der Milchertrag bei
allen Rassen mit zunehmender Stirnlänge steigt, doch ist dieses
Steigen des Milchertrages bei zunehmender Stirnlänge nicht unbe-
grenzt, sondern es zeigt sich, dass bei den Holländern der Milchertrag bei einer über 15 Proz. der Widerristhöhe steigenden Stirnlänge fällt.

Tabellen XIII.
Simmenthaler.

	Klasse I	Klasse II	Klasse III
Breite der Stirnenge in Proz. der Widerristhöhe	13,177	12,29	12,58

Vogelsberger.

	Klasse I	Klasse II	Klasse III
Breite der Stirnenge in Proz. der Widerristhöhe	13,5416	12,7355	12,501

Glan Donnersberger.

	Klasse I	Klasse II	Klasse III
Breite der Stirnenge in Proz. der Widerristhöhe	13,37	13,32	—

Holländer.

	Klasse I	Klasse II	Klasse III
Breite der Stirnenge in Proz. der Widerristhöhe	13,42	11,25	13,25

Die Untersuchung der Stirnengenbreite ergiebt, dass bei allen
untersuchten Rassen die Tiere des höchsten Milchertrages auch die
grösste Stirnengenbreite haben.

Bei Simmenthalern, Glan Donnersbergern und Holländern
stehen jedoch die für die Stirnengenbreite der gering milchergiebigen
Tiere ermittelten Zahlen den Durchschnittszahlen der besten Milchtiere sehr nahe, so dass wir also, in Bezug auf dieses Kopfmass,

einen Unterschied zwischen den besten und schlechtesten Milchtieren der genannten Rassen kaum feststellen können.

Kontrolltabellen XIII.
Simmenthaler.

Breite der Stirnenge in Proz. der Widerristhöhe	Zahl der Tiere	Milchertrag
10—12	11	2825,27
12—14	19	3654,6
14—16	7	3244,5

Vogelsberger.

Breite der Stirnenge in Proz. der Widerristhöhe	Zahl der Tiere	Milchertrag
9—12	6	1984
12—14	6	2132,33
14 u. mehr	9	2334,5

Glan Donnersberger.

Breite der Stirnenge in Proz. der Widerristhöhe	Zahl der Tiere	Milchertrag
11—13	5	1660
13—15	7	2268

Holländer.

Breite der Stirnenge in Proz. der Widerristhöhe	Zahl der Tiere	Milchertrag
8—12	4	329,25
12—14	9	3141,7
14—16	7	2820,6

Die Kontrolltabellen lassen bei den Höhenrassen übereinstimmend mit steigender Stirnengenbreite, auch steigenden Milchertrag erkennen. Umgekehrt erscheint jedoch bei den Holländern der Milchertrag mit steigender Stirnengenbreite fallend.

Für die Simmenthaler ist festzustellen, dass der Milchertrag nur bis zu einer Stirnengenbreite von etwa 14 Proz. der Widerristhöhe zunimmt. Steigt die Stirnengenbreite noch weiter, so fällt der Milchertrag wieder.

Gerade das bei den Holländern an der Hand der Kontrolltabellen festgestellte Resultat glaube ich besonders hervorheben zu sollen, da es eine alte Regel der Praxis ist, dass eine gute Holländer Milchkuh keinen zu breiten Kopf haben soll.

Eine Ausführung Stegmanns, die bei Beurteilung der Kopfmasse eine gewisse Berücksichtigung verdient, soll hier Platz finden. Stegmann schreibt: „Dass eine Beziehung zwischen der Kopfform und Leistungsfähigkeit besteht, erscheint um so wahrscheinlicher, wenn man berücksichtigt, dass es Herrn von Nathusius gelang, bei einen Schwein aus einer Rasse mit typisch kurzen Köpfen, durch mangelhafte Ernährung in der Jugend, einen langen Kopf zu erzielen und damit den Beweis zu erbringen, dass die Länge des Schädels beeinflusst wird von der Ernährung eines Tieres in der Jugend, während seiner Entwicklung. — Die Grösse des Kopfes beeinflusst entschieden nicht die Grösse der Leistungsfähigkeit einer Milchkuh, doch giebt sie uns einige Winke im Bezug auf dieselbe, da ein grober plumper Kopf auch einen groben Bau des übrigen Knochengerüstes verrät und andererseits Ueberfeinerung und Ueberbildung sich zuerst am Kopfe kundgiebt. Der normale Kopf einer Kuh sollte im Verhältnis zum Körper mittlere Grösse haben, und Raum für die Entwicklung der Sinnesorgane gewähren".

In dieser Ausführung Stegmanns ist nach meinem Dafürhalten der springende Punkt der, dass die Kopfform durch die Ernährung und Haltung in der Jugend beeinflusst wird, und so dem Tiere in Gestalt des Kopfes ein bestimmtes Merkmal aufgeprägt wird.

Es ist also ein Abweichen der Kopfform von der für das Tier ursprünglichen, und für die in dem Tiere in der Anlage vorhandenen Leistung typischen Kopfform, durch die Ernährung und Haltung in der Jugend möglich. Und zwar, wie aus dem Versuch des Herrn von Nathusius hervorgeht, direkt in der Generation, die durch die Haltung in der Jugend beeinflusst wird. Diese Erscheinung ist in gleichem Masse bei dem übrigen Skelette wohl nicht vorhanden, resp. nicht nachgewiesen, und hat daher, nach meinem Dafürhalten, die Beobachtung der Kopfform bei der Beurteilung der Leistungen nach dem Exterieur immer nur bedingten Wert. —

Wie aus obigen Ausführungen zu ersehen ist, gelingt es einen gewissen Zusammenhang zwischen dem durch Masse feststellbaren Exterieur und den Leistungen nachzuweisen, sobald man die Tiere ähnlicher Leistungen oder die Tiere ähnlicher Masse in Klassen einteilt und für diese Klassen die durchschnittlichen Masse, resp. die durchschnittlichen Leistungen ermittelt.

So konnte in vorliegender Arbeit festgestellt werden, dass die besten Milchtiere

1. eine mittlere Körpergrösse,
2. die relativ grösste Schulterlänge,
3. die relativ breiteste und tiefste Brust,
4. die relativ längste Hinterhand in Prozenten der Widerristhöhe,
5. die relativ kürzeste Hinterhand, in Prozenten der Kreuzhöhe,
6. die relativ grösste Hüften[1])- und Gesässbreite,
7. die relativ geringste Widerristhöhe[2]), Kreuzhöhe[3]) und Schwarzansatzhöhe,
8. eine mittlere Kopflänge[4]),
9. die relativ grösste Stirnlänge,
10. die relativ grösste Stirnengenbreite[5]),

besitzen.

Mit Ausnahme der Resultate No. 4, 8 und 9, die im Gegensatz zu den Beobachtungen Stegmanns stehen, stimmen diese Resultate mit denen Stegmanns überein.

Die von Bogdannow gefundenen, von den Beobachtungen Stegmanns abweichenden Resultate, konnten nur betreffs des Verhaltens der Stirnengenbreite bestätigt werden, indem sich feststellen liess, dass auch bei den zu vorliegenden Untersuchungen herangezogenen Holländern, mit zunehmender Stirnengenbreite ein abnehmender Milchertrag konstatiert werden konnte.

Unmöglich war es dagegen, bei einzelnen Tieren mit ähnlichen Leistungen, selbst bei verwandten Tieren, ähnliche, durch Masse feststellbare Körperformen nachzuweisen.

Von vorhandenen Massen einen Schluss zu ziehen auf etwa vorhandene Leistungen, muss an der Hand der bis jetzt vorgenommenen Messungen als unmöglich gelten, da die Schwankungen der Masse, die bei einer Mehrzahl von Tieren, die in einer Klasse vereinigt sind, ziemlich ausgeglichen werden, bei dem einzelnen Tiere jede Beurteilung der Leistungen an der Hand der Masse unmöglich machen.

Eine Verwendung der Masse zwecks Beurteilung der Leistungen wäre nur so möglich, dass man mit Hülfe möglichst vieler ermittelter Durchschnittszahlen Normen aufstellte, die für die einzelnen Leistungen mehr und mehr typisch sein sollen.

---

1) Mit Ausnahme der Holländer.
2) „ „ „ „
3) „ „ „ Vogelsberger.
4) „ „ „ Simmenthaler.
5) „ „ „ Holländer.

Es könnte dann das Tier, das in seinen, mit Hülfe der Masse feststellbaren Körperformen, den aufgestellten Normen am nächsten stünde, als das am ehesten leistungsfähigste gelten. Eine grosse Schwäche dieses Verfahrens ist
1. in seiner Umständlichkeit und
2. in der immerhin grossen Beschränkung seiner Anwendbarkeit gegeben. Namentlich liegt diese Beschränkung der Anwendung darin, dass die Normen, selbst wenn sie auf das peinlichste ausgearbeitet wären, immer nur eine zeitlich beschränkte Gültigkeit haben würden, da die Körperformen der einzelnen Rassen unserer Haustiere fort und fort, sei es in Folge züchterischer, sei es in Folge natürlicher Einflüsse, von Generation zu Generation sich ändern.

Wohl die grösste Bedeutung haben die Körpermasse für den Tierzüchter, da sie ihm als Hülfsmittel zwecks genauer Beobachtung gewünschter Formen des Exterieurs dienen können und deren zahlenmässige Feststellung ermöglichen.

Es ist mir eine angenehme Pflicht, den Herren Prof. Dr. Edler, Jena, Direktor Prof. Dr. Strebel, Hohenheim, Geh. Reg.-Rat Lydtin, Baden-Baden; Oekonomierat Leitiger, Alsfeld und Zuchtinspektor Dr. Ziegenbein, Alzey für ihre gütigen Ratschläge bei Ausführung vorliegender Arbeit, resp. Beschaffung von Material zu derselben meinen besten Dank auszusprechen.

www.ingramcontent.com/pod-product-compliance
Lightning Source LLC
Chambersburg PA
CBHW020845210326
41598CB00019B/1978